基礎からわかる
塑性加工
（改訂版）

工学博士 長田 修次
工学博士 柳本 潤
共著

コロナ社

まえがき

　本書は，大学，短大，工業高専で機械工学や金属工学を学ぼうとする学生諸君の教科書，および実社会に出て初めて塑性加工関係の業務に従事するようになった技術者諸氏の入門書として執筆した。塑性加工に関する優れた参考書あるいは教科書は，現在までに数多く発行されている。しかし，塑性加工をこれから勉強しようとする人達にとって，塑性加工法そのものは理論（塑性力学）と実際の加工技術とが密接に関係しているため，ややもすると理論を理解しようとするところで難解なものとして受け止め，実際の加工技術のところまで行きつかないという話をよく聞く。

　本書はこういった問題を少しでも解消するため，理論はできるだけ平易に，体系的に示し，理解を容易にするよう努めると同時に，塑性加工の各加工技術については著者らの企業における長年の開発経験から見て，実社会で塑性加工に従事する技術者に是非とも必要な基礎的，かつ重要な事項に重点をおいて，それらを少しでもわかりやすく解説するように配慮した。そして，図をできるだけ多く取り入れ，解説方法も塑性加工技術の研究開発，および実際の応用分野に対処できるように努力した。

　そのため，初めの2・3章に，塑性加工を勉強するに当たって基礎となる応力とひずみの定義，材料の塑性変形の特徴と，塑性力学の基礎理論を配置し，その後に曲げ，鍛造，圧延，引抜き，押出し，せん断，板材の成形加工といった塑性加工の各論を配置した。3章の塑性力学の基礎理論のところは，塑性力学を体系的に理解していただくために，あえてベクトルとテンソルで表示したため，一見，難解そうに見えるが，簡潔に示したつもりなので，よく読解していただくと非常にわかりやすく，かえって速く理解ができると考えている。また各加工法の説明に当たっては，実際の作業や加工機械，装置の説明ばかりで

なく，それらの問題点の所在を明らかにし，かつ加工機構の観点から内容を理解しうるよう，同じ章にその基礎理論も紹介し，各加工法の基礎的な考え方と技術の説明が，章ごとに完結するよう努めた．

内容的には2時間/週の授業でだいたい1年をめどとしたが，量的に幾分多めに盛り込んでいるので，適宜取捨選択し，講義時間に対応させていただければ幸いである．学生諸君ならびに実社会で塑性加工の勉強を志している技術者の方々の一助となり，本書がさらに詳しい内容の探究への踏台になることを願っている．

本書の執筆に際しては，多くの諸先輩の著書や研究成果を参考にさせていただき，引用もさせていただいた．これらの著者の方々に心から感謝の意を表したい．

最後に，本書の刊行にさいして，多大なご尽力をいただいたコロナ社の方々に感謝の意を表する次第である．

1997年3月

著　者

改訂版発行にあたって

塑性加工に関連する名著が多い中，はたして読者に受け入れられるか危惧の念を抱きつつの船出であったが，幸いにして順調に増刷を重ねてきた．初版より干支が一回りしたいままでの間，主として「演習問題のヒント・解答」に対して要望や質問が寄せられてきたので，本改訂版はこの部分に重点を置いて改定した．具体的には，3章に掲載されていなかった演習問題を載せ，各章の「演習問題のヒント・解答」を全面的に補充し，独力で解答を引き出すことができるよう，考え方および解答の手順等を補完したので，多いに活用していただきたい．併せて本文中の文言を見直し，よりわかりやすい表現となるように心掛けた．

2010年2月

著　者

目 次

1. 塑性加工の意義と種類

1.1 塑性加工とは ……………………………………………………… 1
1.2 各種製品ができあがるまでに受ける塑性加工の事例 ………… 6
1.3 塑性加工の特徴と分類 …………………………………………… 10

2. 金属材料の塑性変形と降伏応力・変形抵抗

2.1 単軸引張り・圧縮時の金属材料の変形 ………………………… 14
2.2 応力とひずみの表示法 …………………………………………… 17
   2.2.1 応力の表示法 ………………………………………………… 17
   2.2.2 ひずみの表示法 ……………………………………………… 17
   2.2.3 真応力・真ひずみと公称応力との関係 …………………… 18
   2.2.4 公称ひずみと真ひずみとの違い …………………………… 19
2.3 応力-ひずみ曲線の数式化 ……………………………………… 20
2.4 変形抵抗・降伏応力と塑性変形に影響を及ぼす材料特性 …… 22
   2.4.1 変形抵抗と降伏応力（流動応力） ………………………… 22
   2.4.2 降伏応力への影響因子と降伏応力式 ……………………… 23
   2.4.3 塑性変形と材料特性との関係 ……………………………… 26
演 習 問 題 …………………………………………………………… 28

3. 塑性力学の基礎理論

3.1 塑性力学の体系 …………………………………………………… 29

3.2 応力と応力の釣合い条件 …………………………………………………… 31
　3.2.1 応力ベクトル ……………………………………………………… 31
　3.2.2 応力ベクトルと応力テンソル …………………………………… 32
　3.2.3 1次元および2次元応力状態における応力場 ………………… 34
　3.2.4 応力テンソルの成分についての力の釣合い条件 ……………… 38
3.3 変形およびひずみ …………………………………………………………… 41
　3.3.1 垂直ひずみとせん断ひずみ ……………………………………… 41
　3.3.2 3次元問題に対するひずみの定義 ……………………………… 42
　3.3.3 ひずみ増分およびひずみ速度 …………………………………… 45
3.4 降　伏　条　件 ……………………………………………………………… 46
　3.4.1 応力テンソルの固有方程式と主応力 …………………………… 46
　3.4.2 平均垂直応力，八面体応力と偏差応力テンソル ……………… 50
　3.4.3 金属材料の降伏条件とその具体的な表示 ……………………… 52
　3.4.4 各種応力状態におけるトレスカとミーゼスの降伏条件 ……… 55
3.5 応力とひずみとの関係（構成式） ………………………………………… 59
　3.5.1 塑性変形状態にある応力状態が満足すべき条件 ……………… 59
　3.5.2 相当応力と相当ひずみ …………………………………………… 60
　3.5.3 弾性域における応力とひずみとの関係 ………………………… 62
　3.5.4 塑性域における応力とひずみとの関係 ………………………… 62
3.6 塑性加工の解析手法 ………………………………………………………… 66
　3.6.1 塑性加工の際に現れる応力状態 ………………………………… 66
　3.6.2 摩擦境界条件 ……………………………………………………… 67
　3.6.3 塑性加工の各種解析手法 ………………………………………… 67
3.7 塑性力学における応力・ひずみの表現と慣用表記 ……………………… 70
　3.7.1 ひ　ず　み ………………………………………………………… 70
　3.7.2 応　　　力 ………………………………………………………… 70
演　習　問　題 …………………………………………………………………… 71

4. 曲げ加工

- 4.1 曲げ加工の種類 …………………………………………… 72
- 4.2 板材の曲げ変形 …………………………………………… 74
  - 4.2.1 曲げ加工時の応力とひずみ状態 ………………… 74
  - 4.2.2 型曲げの変形過程 ………………………………… 76
  - 4.2.3 スプリングバック ………………………………… 77
- 4.3 板のロール成形 …………………………………………… 78
- 4.4 板の矯正 …………………………………………………… 79
- 4.5 管・形材の曲げ変形 ……………………………………… 80
- 4.6 曲げ変形理論 ……………………………………………… 81
  - 4.6.1 塑性曲げの初等理論 ……………………………… 82
  - 4.6.2 平面ひずみ曲げの理論 …………………………… 84
  - 4.6.3 スプリングバックの理論 ………………………… 86
- 演習問題 …………………………………………………………… 87

5. 鍛造加工

- 5.1 鍛造加工の効果と分類 …………………………………… 89
  - 5.1.1 鍛造加工による材質改善効果 …………………… 89
  - 5.1.2 鍛造加工の分類 …………………………………… 90
- 5.2 鍛造加工の基礎 …………………………………………… 92
  - 5.2.1 鍛造時の材料変形 ………………………………… 92
  - 5.2.2 鍛造の加工因子 …………………………………… 93
- 5.3 鍛造の理論 ………………………………………………… 96
  - 5.3.1 直方体ブロックの圧縮 …………………………… 96
  - 5.3.2 円柱の圧縮 ………………………………………… 102
- 5.4 鍛造機械 …………………………………………………… 105

5.4.1 液圧プレス …………………………………………………… 105
5.4.2 機械プレス …………………………………………………… 106
5.4.3 ハンマ ………………………………………………………… 109
5.5 鍛造方式と鍛造作業 ……………………………………………… 110
5.5.1 熱間鍛造 ……………………………………………………… 110
5.5.2 冷間鍛造 ……………………………………………………… 111
5.5.3 回転鍛造 ……………………………………………………… 113
演習問題 ………………………………………………………………… 115

6. 圧延加工

6.1 概説 …………………………………………………………………… 117
6.2 圧延加工の基礎 ……………………………………………………… 119
6.2.1 圧延の変形機構 ……………………………………………… 119
6.2.2 圧延加工の影響要因と用語の定義 ………………………… 120
6.2.3 ロールに作用する力 ………………………………………… 125
6.2.4 圧延機の構造 ………………………………………………… 128
6.2.5 圧延機の形式 ………………………………………………… 130
6.3 板圧延 ………………………………………………………………… 132
6.3.1 薄板および中板の圧延 ……………………………………… 133
6.3.2 厚板圧延 ……………………………………………………… 139
6.4 形材の圧延 …………………………………………………………… 141
6.4.1 孔型圧延法 …………………………………………………… 142
6.4.2 ユニバーサル圧延法 ………………………………………… 143
6.5 棒・線の圧延 ………………………………………………………… 144
6.6 鋼管の圧延 …………………………………………………………… 145
6.6.1 継目なし鋼管 ………………………………………………… 145
6.6.2 溶接鋼管 ……………………………………………………… 146
6.7 圧延理論 ……………………………………………………………… 147

  6.7.1　カルマンの圧延方程式 …………………………………… *147*
  6.7.2　オロワンの圧延方程式 …………………………………… *150*
 演 習 問 題 ……………………………………………………………… *152*

7. 引抜き，押出し加工

7.1　引 抜 き 加 工 ………………………………………………………… *154*
 7.1.1　引抜き加工の分類 …………………………………………… *154*
 7.1.2　引抜き加工の変形機構 ……………………………………… *156*
 7.1.3　引 抜 き 力 …………………………………………………… *156*
 7.1.4　引抜き作業と加工機構 ……………………………………… *157*
 7.1.5　引抜き理論 …………………………………………………… *159*
7.2　押 出 し 加 工 ………………………………………………………… *163*
 7.2.1　押出し加工の分類 …………………………………………… *164*
 7.2.2　押出し加工の変形機構 ……………………………………… *166*
 7.2.3　押出し理論 …………………………………………………… *167*
演 習 問 題 …………………………………………………………………… *169*

8. せん断加工

8.1　せん断加工の種類 …………………………………………………… *170*
8.2　せん断加工における変形機構 ……………………………………… *171*
8.3　せん断加工における加工力 ………………………………………… *173*
8.4　せん断製品の形状，精度 …………………………………………… *173*
 8.4.1　せん断切り口の形状 ………………………………………… *173*
 8.4.2　せん断製品の形状と寸法精度 ……………………………… *175*
8.5　精密せん断加工 ……………………………………………………… *175*
演 習 問 題 …………………………………………………………………… *178*

9. 板の成形加工

9.1 絞り加工の分類 …………………………………………… *179*
9.2 深絞り加工 ………………………………………………… *182*
    9.2.1 深絞りにおける材料の変形挙動 ……………………… *183*
    9.2.2 深絞り加工限界と加工条件 …………………………… *186*
    9.2.3 再絞り加工 ……………………………………………… *194*
    9.2.4 深絞り力の理論的解析 ………………………………… *195*
9.3 張出（バルジ）加工 ……………………………………… *201*
9.4 しごき加工 ………………………………………………… *202*
9.5 へら絞り（スピニング加工）…………………………… *203*
9.6 板の成形性試験 …………………………………………… *204*
演習問題 ………………………………………………………… *208*

演習問題のヒント・解答 ………………… *209*
付表 ……………………………… *216*
参考・引用文献 ………………………… *217*
索引 ……………………………… *218*

1 塑性加工の意義と種類

 私たちが日常の生活で使用しているジュース缶や，自動車といったいろいろな形の製品は，どのようにしてつくられているのであろうか．これらは材料の持つ塑性という性質を利用した塑性加工技術によりつくられている．
 本章は，塑性加工とはどのような技術で，これによりこれらの製品がどのようにつくられるかを見ていく．

1.1 塑性加工とは

 われわれは毎日，金属やプラスチックからできているいろいろな製品・道具・機械などを使って生活している．例えば，飲み物が欲しいときは缶に入ったジュースやコーヒーを，食べ物をつくるときには鍋やフライパンといった台所用品を，どこかへ行こうとするときには自動車，電車，列車，航空機といった交通機関等を使う．さらに，テレビを見るにしても，エアコンを動かすにしても交通機関を動かすにしても電気やガソリンが必要であるが，それらは発電機や，石油の掘削・精製プラント等によってつくられている．このような製品や機械・プラントはすべて「形」を持っている．
 この「形」はどのような方法によってつくられるのであろうか．ある材料からこれら「形」を持つ製品は，現在の技術では以下のような方法によってつくられている．

 (1) 材料を曲げたり，つぶしたり，伸ばしたり，押し出したり，絞ったりすることにより形をつくる**塑性加工**という方法

(2) 溶けた金属・材料から目的とする形に固めてつくる，**鋳造**という方法

(3) 物と物をつけ合わせて目的とする形をつくる，**溶接**という方法

(4) 大きな物から必要な形を削り出してつくる，**切削加工**という方法

このうち，塑性加工という方法は，われわれの日常生活ではほとんど耳にする言葉ではないため，その内容を知っている人はきわめて少ない。しかし，われわれの身の回りにある表 *1.1* および図 *1.1* に示すような多くの製品が，この塑性加工法によってつくられていると聞けば，改めてその重要性が認識されるものと思う。

表 *1.1* 身近に見られる塑性加工品の例

分類	製品の例
家庭用品	フライパン，鍋，やかん，ステンレスの流し台・浴槽，ジュース缶，コーヒー缶，ビール缶，アルミ箔，スチール机，ロッカー
家庭工具	ネジ，くぎ，ボルト，針金，金づち，ペンチ
自転車	フレーム，リム
自動車	ルーフ，ドアパネル，ボディー
鉄道	レール，車両
鉄橋	ワイヤロープ，H形鋼，I形鋼，鋼矢板
建築材料	アルミサッシ
貨幣	金貨，銀貨，硬貨

図 *1.1* 鉄鋼製品の例

この塑性加工が一般に知られていない理由は，塑性加工技術そのものが主として工場における素材ならびに製品の製造技術であるためである。われわれの

生活は，できあがった製品を利用するだけで，その価格と品質には関心はあるものの，ほとんどの場合，その製造技術・製造方法を直接知る必要がないからである。しかし，これらの製品が安価に，大量に生産されなければ現代社会は成り立たない。その上，これらの製品や機械・プラントが今後ますます精度よく，より高品質に，より効率的に製造されないと現代社会の発展はあり得ない。そのためには，これらの製造技術の向上とその生産・開発に携わっている人たちの技術レベルの向上が不可欠である。

　本書はそのために塑性加工技術を基礎から解説し，その理解と勉強の礎とすることを目的としたものである。そこで，まず**塑性加工**という技術を具体的にわかりやすく説明することから始める。

　一般に，ある材料に力を加えると，その材料は形を変える。この場合，この力が小さいときは，力を取り除くと完全にもとの形に戻るが（この性質を**弾性**という），力がある程度大きくなると，力を除いてもその材料はもとの形に戻らず変形して形を変えてしまう。このように変形して形が変わる現象を**塑性変形**といい，材料のこの性質を**塑性**という。このように塑性加工という言葉は，材料に外力を加えて材料の原形とは別の形のものをつくる加工法の総称で，おもな加工法は（1）圧延加工，（2）鍛造加工，（3）曲げ加工，（4）せん断加工，（5）引抜き加工，（6）押出し加工，（7）絞り・張出し加工，等の方法がある。

　図 **1.2** にこれらの塑性加工法の主要原理を示す。このうち，**圧延加工**は回転するロールの間に板状，角状，棒状の金属材料を通して，その厚みや断面積を減少させて板材，形材，棒・線材，管材を成形する加工法である。**鍛造加工**はハンマーやプレス機を使って塊状物を金型と金型の間で圧縮し，いろいろな形に成形する方法である。**曲げ加工**は板，棒，管などの素材に曲げ変形を与える加工法である。**せん断加工**は材料にせん断変形を与えて目的の形状・寸法の材料を切断分離する加工法である。**引抜き加工**は材料を先細りのテーパーダイスを経由して引っ張り，小断面の線，棒，管を得る加工法である。**押出し加工**は先端に先細のダイスをつけたコンテナの中に材料を入れ，圧縮力をかけるこ

加工方法	主要方式の原理			
圧延加工法	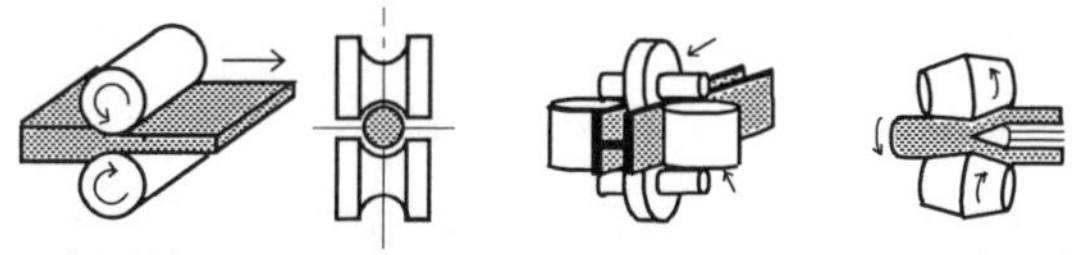 板圧延	孔型圧延	ユニバーサル圧延	せん孔圧延
鍛造法	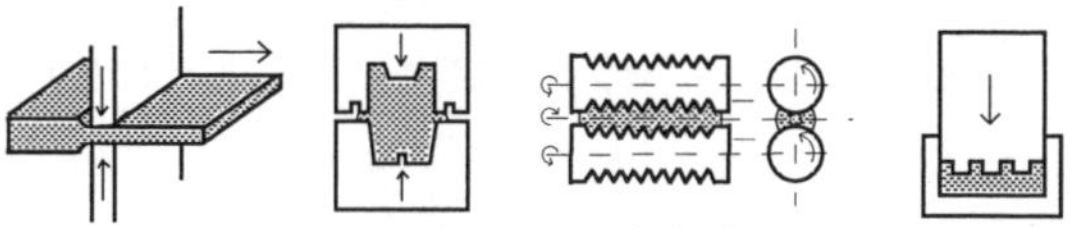 自由鍛造	型鍛造	回転鍛造	コイニング
曲げ加工法	 型曲げ	折り曲げ	3点ロール曲げ	ロール成形法
せん断加工	 せん断	打抜き・穴あけ		
引抜き加工	中実材の引抜き	中空材の引抜き		
押出し加工	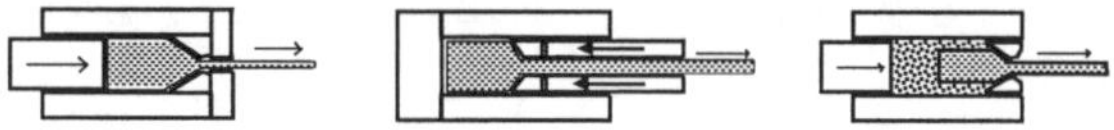 直接押出し	間接押出し	静水圧押出し	
板の成形加工 — 絞り加工	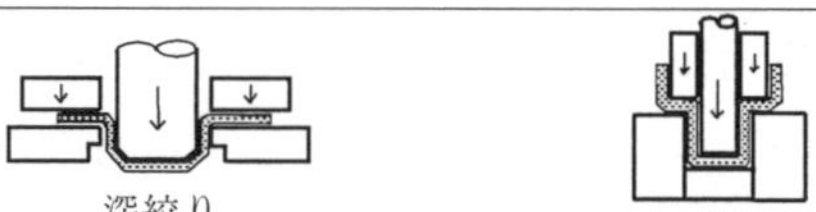 深絞り	再絞り		
板の成形加工 — 張出し加工	 張出し	液圧バルジ加工		
板の成形加工 — スピニング加工	絞りスピニング	しごきスピニング		

図 *1.2* 塑性加工の種類とその主要原理

とによりダイスを通して，目的の断面形状や断面積の材料を押し出す加工法である．**絞り加工，張出し加工，スピニング加工**は板の成形加工法であって，ポンチおよびダイスを使って平らな板から継目のない底の付いた容器を成形する加工法である．

　以上は塑性加工を基本的な変形機構の観点から分類したものであるが，これらの加工法は材料を加工するときの温度によっても分類される．それは多くの材料が常温では塑性変形を起こし難くても，加熱して温度を高くすると，塑性変形しやすくなる上，金属には再結晶温度以上の高温で加工すると金属の鋳造組織が均一微細な組織に変わり，材料の引張強さや，伸びといった機械的性質が向上するという性質があるためである．そこで，高温で加工しやすいという経済的目的と，材料の機械的性質の向上という目的から，その材料の再結晶温度以上の高温で加工する**熱間加工**と，再結晶温度より低い温度で加工する**冷間加工**という方法がとられている．しかし，熱間加工でつくり出せる寸法と精度には限界があるため，われわれが日常使用している製品の多くは熱間加工により製造された一次製品をさらに冷間加工して，新たな機械的性質を持たせ，より形状・寸法精度の高い均一な製品にするという手順を踏む場合が多い．したがって，熱間加工と冷間加工は加工の目的と加工製品に要求される品質によって使い分けられるが，図 1.2 に示した塑性加工方式を強いて熱間加工と冷間加工に分類すると，熱間加工は圧延，鍛造，押出しなどで使われることが多く，冷間加工は圧延，鍛造，引抜き（特に線引き），板の成形加工などに適用されることが多い．

　それではわれわれの生活に身近な表 1.1 のような製品は，これらの加工法によってどのようにして製造されているのであろうか．以下に同表の製品を例にとってその製造過程を概説し，これによって塑性加工がどのように活用されて製品が製造されるかを示してみよう．

1.2 各種製品ができあがるまでに受ける塑性加工の事例

表 1.1 に示した鉄鋼製品は，まず製鉄所において図 1.3 のような製造工程を経て，3 mm 以下の厚みである薄鋼板（熱延鋼板，冷延鋼板），厚みが 6 mm 以上の厚板，種々の形状をした形鋼，形が丸く直径の小さい棒鋼・線材，パイプといわれている鋼管，等の比較的単純な形状の一次製品としてつくられる。ここでこれらの一次製品は，同図からわかるように圧延加工という塑性加工法によりつくられているが，そのスタートは溶鉱炉，転炉により，溶けた鋼としてつくられ，連続鋳造機によりスラブ，ブルーム，ビレットといわれる鋼塊に固められて始まる。そしてこれらの鋼塊が主として図 1.2 の圧延加工法から成る図 1.3 の製造工程により上記製品につくり分けられるのである。そこでこれらの一次製品がどのような塑性加工法を経て表 1.1 および図 1.1 に示すような形の製品に変わっていくかを以下に示す。

〔1〕 薄鋼板を素材とする製品

われわれの家の台所に必ずあるフライパン・鍋・やかん，よく利用するジュースの缶・ビールの缶，ステンレスの流し台・浴槽，自動車のルーフ・ドアパネルを始めとした各種構成部品などは，どのような方法で製造されているのであろうか。先に答えると，これらはおのおの図 1.3 のプロセスで製造された薄鋼板が，**表 1.2** に示される製造工程と（　）内の各種加工法を経て成形されるのである。なお，この場合の加工方法で図 1.2 に示されていない加工方式は，同図に示した方式から発展したものなので各論に任せ，ここでは省略している。この結果，このような薄鋼板を素板とする製品は，せん断加工，曲げ加工，絞り加工，張出し加工，スピニング加工といった種々の塑性加工法を経て製品とされることが理解されよう。

〔2〕 形鋼を素材とする製品

電車・機関車のレールや，種々の建築物・機械設備の柱や強度部材として使用される H 形鋼や I 形鋼，土木工事や港湾の岸壁工事などに使用される鋼矢

板等はどのようにしてつくられるのであろうか。これらの製品は図 1.3 のプロセスにおいて形鋼として製造されるが，加工原理は図 1.2 の熱間の孔型圧延および熱間のユニバーサル圧延である。その後，連続的な曲げ加工により曲がりを矯正されレール，H 形鋼，I 形鋼，鋼矢板等の製品になるのである。

〔*3*〕 **線材を素材とする製品**

建築工事や家庭および日常生活によく使用されている針金，くぎ，自転車のリム，さらにはロープウェーや瀬戸大橋等の長大橋に使われているワイヤロープはどのようにしてつくられるのであろうか。これらの製品は，図 1.3 の線材圧延工程において製造された線材が，種々な熱処理と酸化膜除去処理を受けた後，図 1.2 の引抜き加工を何回も受けて，少しずつ小さな断面の細い線とされる。そのあと，必要な材質強度とするための熱処理と表面処理を施されて製品とされる。

〔*4*〕 **その他の製品**

以上は鉄鋼製品であったが，表 1.1 に示されているアルミ箔や硬貨はどのようにして製造されるのであろうか。アルミ箔は，アルミニウム塊から図 1.3 の鉄鋼製造工程とほぼ同じ原理の工程によりアルミニウム板が製造され，さらに冷間圧延により 10〜15 μm もの薄さの均一な箔に圧延され，せん断加工による切断と，曲げ加工による巻き取り工程を経て製品とされる。また自動販売機等でよく使用される硬貨については，硬貨に使われる地金が圧延により板状にされた後，その板がせん断加工により円形の素板に打ち抜かれ，さらにこの素板が図 1.2 に示されるコイニングという鍛造により密閉された型内でプレス成形されて表面にきわめて高精度な凹凸を付けられて製造される。

以上のように，われわれが日頃使用している多くの形を有している品物は，材料を曲げたり，つぶしたり，絞ったり，押し出したりする種々な加工を受けてつくられていることがわかる。塑性加工とは，このように材料を切り屑を出さないで加工する非切削加工ともいわれる加工法であって，現在われわれが使用している多くの製品・機械は塑性加工を構成する多くの技術による加工を経て，その形がつくられている。

1. 塑性加工の意義と種類

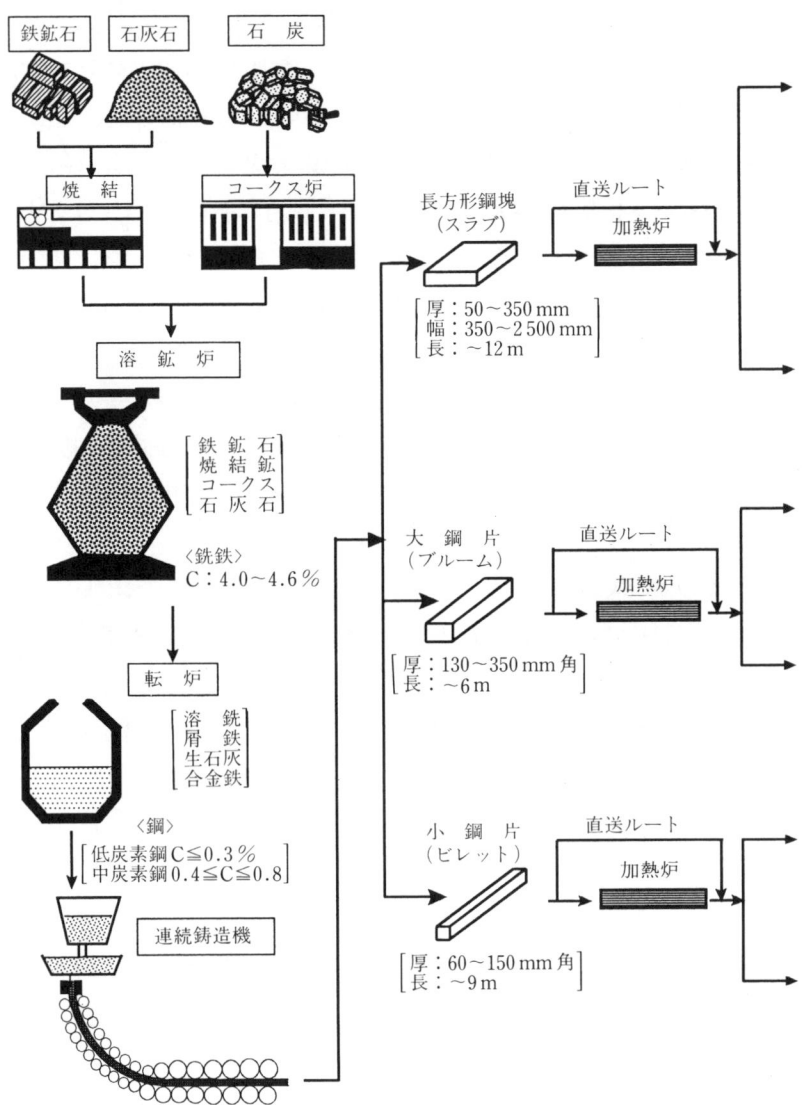

図 **1.3** 圧延加工を中心とした

1.2 各種製品ができあがるまでに受ける塑性加工の事例

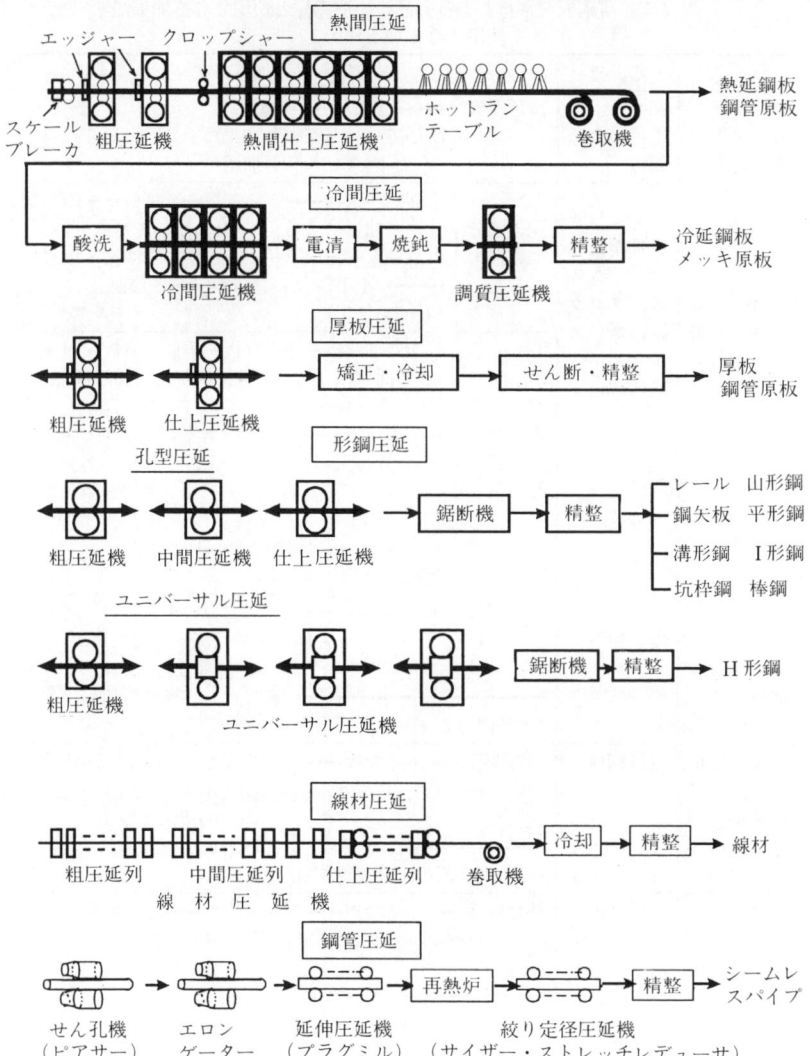

鉄鋼製造プロセス

表 1.2 薄鋼板を素材とする製品の製造工程と使用される加工法
（　）内：使用される加工法

製品	素材	使用される加工方式	
フライパン 鍋 やかん	図 1.3 の 工程の冷延 鋼板	冷延鋼板 ──→ 素板 ──→ 製品 　　　（せん断加工）　（深絞り加工） 　　　　　　　　　（スピニング加工）	
ジュース缶 コーヒー缶 ビール缶	冷延鋼板の 表面にス ズ，クロウ ム，ニッケ ルなどから 成る薄い皮 膜を付けた 表面処理鋼 板	胴の部分 に継目の ある缶	表面処理鋼板──→平らな板──→素板──→缶の胴 〔連続曲げによる〕　（せん断加工）（曲げ加工） 〔ローラーレベラー〕　　　　　　　〈溶接・接着〉 　　──→ 上下ふたの巻締め ──→ 缶製品 　　　（巻締め加工）
		胴の部分 に継目の ない缶	表面処理鋼板→平らな板→円形の素板→円筒 〔連続曲げによる〕　（せん断加工）（深絞り加工） 〔ローラーレベラー〕 　　──→ 深い缶 ═══ 缶の上部の口絞り・切断 〔再絞り加工＝（口絞り加工，ネッキング加工， 　ドロー・アンド・アイアニング加工）トリミ 　ング加工〕 　　──→ 上ふたの取付け ──→ 缶製品 　　　（巻締め加工）
ステンレス 流し台 ステンレス 浴槽	ステンレス 冷延鋼板	冷延鋼板──→平らな板──→八角形素板──→流し台・浴槽 　　　（レベラー）　（せん断加工）　（深絞り加工） 　　　　　　　　　　　　　　　　　（張出し加工） 　　────────────→ 流し台・浴槽の製品 　（上端部のカーリング・トリミング加工）	
自動車のル ーフ，ドア パネル	冷延鋼板	冷延鋼板──→平らな板──→プレス素板──→所定の形状 　　　（レベラー）　（せん断加工）　（深絞り加工） 　　　　　　　　　　　　　　　　　（張出し加工） 　　────────→ ルーフ・ドアパネル 　（しわ押え部のトリミング加工）	
自動車のベ ース （モノコッ クボディ）	熱延鋼板	熱延鋼板──→平らな板──→プレス素板──→所定の形状 　　　（レベラー）　（せん断加工）　（絞り加工） 　　　　　　　　　　　　　　　　　（曲げ加工） 　　────────→ ベースの構成部品 　（しわ押え部のトリミング加工）	

1.3　塑性加工の特徴と分類

　以上のように塑性加工は，材料の持つ塑性という性質を利用して，材料の寸法・形状を変える加工法であり，素材の製造を始めとして種々な製品の製造に

最も多く使用されている加工法である。それは，塑性加工が以下に示す大きな特徴を有しているからである。

（1） 大量の製品を高精度に，高速度で，かつ低コストにつくることができる加工法である。
（2） 加工により強度や，粘り強さ（じん性）の向上を図ることができる加工法である。
（3） 材料の損失が少なく，加工面がきれいで，光沢のある平滑面を得ることができる加工法である。

この結果，塑性加工は同一形状の製品を多量に，高速に，かつ安価につくることを要求される現代社会のニーズと合致して大きく発展した。

なお，前節からもわかるようにある材料が塑性加工を受けて製品の形状になるまでには，材料はその素材をつくる段階の塑性加工と，これらの素材を用いて製品をつくる段階の塑性加工の2段階の加工を受ける。一般には，前者の段階を一次加工，後者の段階を二次加工と呼ぶ。この分け方に従うと，一次加工は主として，鉄鋼材料や非鉄金属材料の素材となる製品を製造するための加工，二次加工は，自動車や電気器具の製品や部品，さらにはわれわれの生活と密接に結びついている製品の製造などに広範に用いられている加工といえる。そこで，この分類とこれによってつくられる製品の関係を整理すると**表 1.3**のようにまとめられ，以下のようになる。

表 1.3 塑性加工法の分類

分類	加 工 法	製 品 の 種 類
第1次加工	鍛造加工 圧延加工 引抜き加工 押出し加工	ブロック，複雑形状品 板，棒，線，管，形材 棒，線，管材 棒，管，形材
第2次加工	板金プレス加工 ┌ せん断加工 　　　　　　　├ 曲げ加工 　　　　　　　└ 深絞りなどの成形加工 鍛造加工（冷間鍛造） 転造加工	機械，器具，構造物等の骨組み，外装に使われる部品 機械構造部の要素部品 ねじ，歯車，軸類

〔1〕 1 次 加 工

当加工は薄鋼板（熱延鋼板，冷延鋼板），厚板，形材，棒線材，管材といった比較的単純な形状の製品をつくる加工として分類され，主として素材をつくる加工である。したがってこの加工は多くは，大規模な生産設備によって連続的に多量の製品を生産するのに使われ，圧延加工，鍛造加工，引抜き加工，押出し加工等から成り立っている。図 1.3 の鉄鋼製品の製造工程はその代表例であるが，種々の圧延機が効果的に配置され，非常に精度のよい，均質な製品を安価に量産するのに活用されている。

〔2〕 2 次 加 工

1 次加工でつくられた素材に，さらに複雑な加工を加えて利用者に直接使われる製品をつくる加工として分類される。したがってわれわれの生活で使用されている多くの製品は，この 2 次加工により製品となっているものが多い。この加工を大別すると，「板の成形」と「塊状物の成形」に分けられる。板の成形には，一般には板金プレス加工といわれているせん断加工，曲げ加工，深絞り加工，張出し加工，スピニング加工等が含まれる。一方，塊状物の成形には鍛造加工，押出し加工，転造加工等が含まれ，金属製品を生産しているほとんどの工業分野で広く利用されている。

塑性加工は現在のところ，以上のように分類されている。しかし，当加工を歴史的に振り返ると非常に古く，当初はくわ，かま，おのなどの農機具，剣，甲ちゅうといった武器などの製造技術として始まった。これが現在のような加工技術として広く利用され始めたのは，18 世紀から 19 世紀にかけての産業革命による蒸気機関の発明以降で，比較的新しく，その後の加工用機械の製造技術の発達により大きな塑性加工設備の建設が可能になりだしてからである。そしてこの加工設備はしだいに大型化し，自動化，連続化，システム化が加えられ，生産能率を大幅に向上させることが可能となった。これには 20 世紀における金属の塑性変形および塑性力学といった基礎となる学問，および自動制御技術の発達が大きく貢献しているのは衆知のことである。その結果，例えば図 1.3 に示す圧延工場ではコンピュータによる制御が進み，圧延作業はほとんど

無人の状態で進められている。またプレス工場でも多くのプレスが少人数の作業者で操業されている。そして，大量生産と高度な加工製品から成り立っている現代社会にとって，塑性加工技術は不可欠な素材および製品の製造技術として大きな地位を占めるに至った。

　以下に，個々の塑性加工技術の内容を説明するが，2章と3章には塑性加工を勉強するに当たって基礎となる材料の塑性変形の特徴と塑性力学の基礎理論を解説し，4章以降に各個別技術の説明をしている。各章には加工法，加工機械，加工作業のポイントを説明し，あわせて同じ章にその基礎理論も紹介することにより，各加工法の基礎的な考え方と技術の説明が，章ごとに完結するようにしているので，どの章から学んでもらってもよい。

2 金属材料の塑性変形と降伏応力・変形抵抗

　金属材料に加える力を増加させると，まずは弾性変形が生じ，後に塑性変形が生じる。塑性変形は，加えた荷重を除いても残存する永久変形であり，塑性加工はこの塑性変形を利用した加工技術である。本章では，塑性変形と塑性変形に必要な力，およびこれらの数学による表示方法などについて説明する。

2.1　単軸引張り・圧縮時の金属材料の変形

　塑性加工は，金属材料に力を加えることにより塑性変形を発生させ，この塑性変形を利用して材料の形状を変えたり，材料の性質を改善する技術である。したがって，塑性加工時の材料の変形を知るためには，加工の対象とする金属材料がどのような特性を持つのかを知る必要があるが，これは多くの場合，引張試験もしくは圧縮試験により調べられる。日本工業規格（JIS）においては，金属材料の引張試験に用いるべき試験片の形状および寸法が定められているが，図 *2.1* はそのうち代表的な JIS 4 号引張試験片の形状および寸法である。試験片のうちで，金属材料に作用している力および力に対応して発生する変形を測定する部分を試験部と呼び，この試験部の上下（または左右）端部を標点と呼ぶ。試験部に作用する力および変形を精度よく評価するためには，この部分の力・変形ともに均一でなければならないが，標点の位置および試験片の形状はこれらを十分に精度よく評価できるように定められている。

　図 *2.1* の JIS 試験片の両端を把持し，両端の引張力 F を増加させていくと

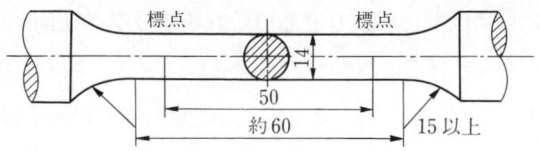

図 **2.1** JIS 4 号引張試験片

材料は変形する。その際に試験部に作用する引張力 F はどこでも等しい。また，試験部に作用している力の強さは，試験部の断面積の影響を考え，試験片断面積 A によって引張力 F を割った値，すなわち試験部の単位断面積に作用する力 σ により表す。すなわち

$$\sigma = \frac{F}{A} \tag{2.1}$$

により定まる単位断面積に作用する力 σ を**応力**（stress）と呼ぶ。また，試験部に発生する変形は，試験部の単位長さ当りの伸びにより表す。なお，単位長さ当りの伸びもしくは縮み量を，**ひずみ**（strain）と呼ぶ。

金属材料より JIS 試験片を作製し引張試験を行うと，おのおのの金属材料ごとに異なる応力-ひずみ曲線が得られる。図 **2.2** 中の実線は，代表的な 2 種類の応力-ひずみ線図である。

材料を引張り始めると，変形の初期段階では図2.2のOAのように応力

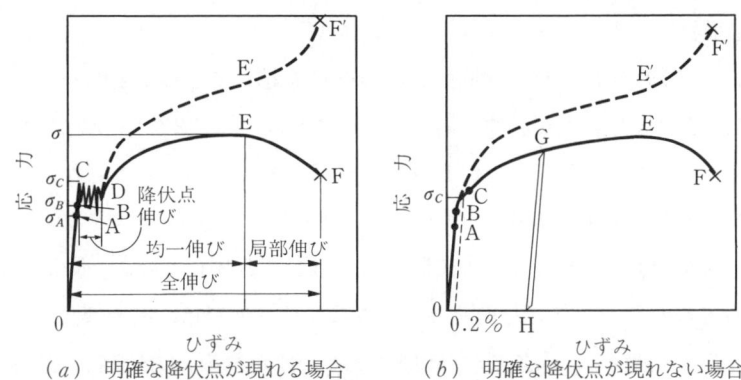

(a) 明確な降伏点が現れる場合　　(b) 明確な降伏点が現れない場合

図 **2.2** 1 軸引張りにおける応力-ひずみ線図
（実線：公称応力-公称ひずみ曲線，破線：真応力-真ひずみ曲線，
E と E' および F と F' でのひずみの値は厳密には一致しない）

とひずみの間には比例関係が成り立ち（これを**フックの法則**という），この範囲で力（応力）を除けば変形（ひずみ）はゼロに戻る．さらに力を増加させ，ひずみが 0.001〜0.03％以上になると，力を除いても変形が残る．この変形を**永久変形**もしくは**塑性変形**と呼ぶ．材料に塑性変形が残留し始める時点（図 2.2 の点 A）を**弾性限界**と呼び，この点までの変形を**弾性変形**と呼ぶ．なお，弾性限界までの応力-ひずみ線図の傾きがヤング率 E である．応力-ひずみ線図の傾きがヤング率と食い違い始める点（図 2.2 の点 B）を**比例限界**という．通常弾性限界 A と比例限界 B はほぼ一致する．

　点 A および点 B を越してさらに引張力を増加させると，引張力をゼロとした後でも永久変形が観察される．この点（点 C）を**降伏点**といい，この時点での応力を**初期降伏応力**という．通常は弾性限界，比例限界，降伏点は一致するとして差し支えない．しかし，低炭素鋼などの冷間引張りでは，図 2.2(a) の点 C に到達した後急激な応力の減少が観察され，さらにほぼ一定の応力下での伸び（降伏点伸び）が点 D まで続く．この場合，点 C を**上降伏点**，点 D を**下降伏点**と呼ぶ．しかし，アルミニウムや銅，高温状態での鉄鋼材料などでは，同図(b) のとおり明確な降伏点が現れず，弾性変形範囲と塑性変形範囲の区別を明確に決めることが困難である．そこで，このような場合には降伏点の代わりに 0.2％の永久ひずみが生じるときの応力を耐力と名付けて降伏点 C と同じ取扱いをする．

　図 2.2(a) の点 D もしくは同図(b) の点 C を越してさらに変形を与えるためには，より多くの力が必要である．このことは，図 2.2 に示した応力-ひずみ曲線が，点 C（点 D）以後点 E まで正の傾きを持っていることから容易に理解できよう．塑性変形が増加すればするほどさらに塑性変形を与えるのに必要な応力が増加する現象を，**加工硬化**または**ひずみ硬化**と呼ぶ．降伏点 C または D を越して力を与えた後荷重をゼロにすると伸びは，例えば同図(b) の GH に沿って減少し，永久変形（塑性変形）OH が残る．OH を特に**塑性ひずみ**と呼ぶ．引張荷重をさらに増すと，いままで均一に伸ばされていた試験片試験部の一部が他の試験部より細くなりくびれを起こす．このとき，引張応力は

最高点Eとなる。この点Eの応力（公称応力）を**引張強さ**という。なおくびれは，発生後この部分に変形が集中する場合と，くびれが試験部に広がっていく場合とがある。変形開始からくびれが発生するまでの均一な伸びを**均一伸び**，それ以降破断までの伸びを**局部伸び**，両者を足した伸びを**全伸び**と呼び，材料破断時の応力を**破断応力**と呼ぶ。

2.2 応力とひずみの表示法

2.2.1 応力の表示法

先の引張試験において，変形前の試験部の断面積が A_0，標点間長さ L_0 であったとする。引張力を与え試験部が伸びると，同時に試験部の直径および試験部の断面積が減少する。いま，試験途中のある時点において，試験部断面積が A，標点間距離が L であり，さらにその時点での引張力が F である場合，応力については，基準とする断面積を変形前の断面積とした場合と，現在の断面積とした場合に対応して，以下の2種類の表示が可能である。

（**1**）　公称応力 π

$$\pi = \frac{F}{A_0} \tag{2.2a}$$

（**2**）　真応力 σ

$$\sigma = \frac{F}{A} \tag{2.2b}$$

材料の変形が微小である場合，すなわち弾性変形の範囲では引張試験中の断面積の変化は無視できるので，公称応力と真応力はほぼ等しい。しかし塑性加工のように塑性変形を対象とする場合，変形および断面積の変化が大きいために，公称応力と真応力とは異なる。むろん，このような場合，真応力が正しい応力である。

2.2.2 ひずみの表示法

前項と同じ場合，ひずみについても基準とする標点間距離の異なる2種類の

表示が可能である。

(1) 公称ひずみ e

$$e = \frac{L - L_0}{L_0} \tag{2.3}$$

(2) 真ひずみ（対数ひずみ）ε

$$\varepsilon = \int_{L_0}^{L} d\varepsilon = \int_{L_0}^{L} \frac{dL}{L} = \ln \frac{L}{L_0} \tag{2.4}$$

（2）の定義では，標点間距離 L が引張試験時に刻々と変化することが考慮されており，塑性変形時の標点間距離の変化が大きいことを考えれば，この定義のほうが妥当であろう。すなわち真ひずみ（これを対数ひずみと呼ぶこともある）を求めるための式 (2.4) の被積分関数である次式

$$\varDelta\varepsilon = \frac{\varDelta L}{L} \tag{2.5}$$

では，ひずみ算出の際に基準とする標点間距離がその時点での標点間距離であることから考えて，材料の変形が大きい場合にはこの定義のほうが妥当であることは明らかである。式 (2.5) の左辺 $\varDelta\varepsilon$ を**ひずみ増分**（strain increment）と呼ぶ。

2.2.3　真応力・真ひずみと公称応力との関係

塑性変形は原子間のすべりを要因とするので，体積は一定に保たれる。したがって，材料が均一に伸びる場合，試験部体積について次式が成立する。

$$AL = A_0 L_0 \tag{2.6}$$

この式をもとに，真応力と公称応力との関係として次式が求められる。

$$\sigma = (1 + e)\pi \tag{2.7}$$

したがって真応力-真ひずみの関係は，図 2.2 の実線の公称応力-公称ひずみの関係とは異なり，同図の破線の関係となる。

また，式 (2.4) および (2.3) より，真ひずみと公称ひずみとの関係は次式により与えられる。

$$\varepsilon = \ln(1 + e) \tag{2.8}$$

2.2.4 公称ひずみと真ひずみとの違い

公称ひずみ e と真ひずみ ε は，式 (2.8) や (2.5) からもわかるようにひずみが小さい間はほとんど差がないが，塑性変形のような大きな変形の場合には以下の違いが出てくる。

(1) 変形を段階的に加えていく場合，真ひずみではひずみの加算ができるが，公称ひずみではできない。引張試験の場合を例に示すと，標点長さ L_0 の試験片をまず L_0 から L_1 まで引っ張り，さらに L_1 から L_2 に引っ張った場合，それぞれの変形に対応するひずみおよびひずみの合計値は以下のとおりに表される。

$$(真ひずみ表示) \quad \ln\left(\frac{L_1}{L_0}\right) + \ln\left(\frac{L_2}{L_1}\right) = \ln\left(\frac{L_2}{L_0}\right) \tag{2.9}$$

$$(公称ひずみ表示) \quad \frac{L_1 - L_0}{L_0} + \frac{L_2 - L_1}{L_1} \neq \frac{L_2 - L_0}{L_0} \tag{2.10}$$

すなわち，真ひずみ表示では，式 (2.9) からわかるように $L_0 \to L_1$, $L_1 \to L_2$ の 2 段階変形でのひずみの和は，$L_0 \to L_2$ と一度に変形したときのひずみと一致するので，真ひずみでは加算が可能である。一方，公称ひずみ表示では式 (2.10) からわかるように，各段階のひずみの和が合計ひずみと一致しない。したがって，公称ひずみは加算ができない。

(2) x, y, z 方向の微小長さを X_0, Y_0, Z_0，変形後の長さをそれぞれ X, Y, Z とすれば $\varepsilon_{xx} = \ln\dfrac{X}{X_0}$，$\varepsilon_{yy} = \ln\dfrac{Y}{Y_0}$，$\varepsilon_{zz} = \ln\dfrac{Z}{Z_0}$ である。変形前後の体積を比較すると，$\dfrac{\Delta V}{V_0} = \dfrac{XYZ - X_0 Y_0 Z_0}{X_0 Y_0 Z_0}$ が成り立つ。一方，$X = X_0 \exp(\varepsilon_{xx})$，などの関係式より $\dfrac{\Delta V}{V_0} = \exp(\varepsilon_{xx} + \varepsilon_{yy} + \varepsilon_{zz}) - 1$ が成立する。したがって真ひずみ表示では，体積一定の条件が簡潔に次式で表現できる。

$$\varepsilon_{xx} + \varepsilon_{yy} + \varepsilon_{zz} = 0 \tag{2.11}$$

(3) 真ひずみでは図 **2.3** に示すように，圧縮（$-\infty$）〜変形なし（0）〜引張り（$+\infty$）の範囲の値をとり，引張り・圧縮の極限の絶対値はいずれも ∞ である。しかし，公称ひずみでは圧縮の場合，いかに大きな変

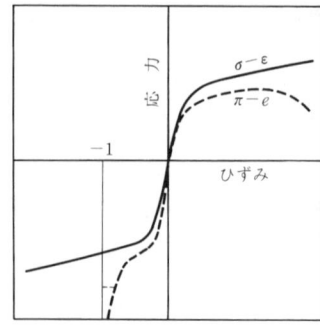

図 2.3 引張り・圧縮時の
応力-ひずみの関係

形を与えても −1 を越えることはなく,実際の変形の大きさとは必ずしもうまく対応しない。また,長さ a の棒を長さ b まで引っ張り,さらに長さ a まで圧縮した場合,それぞれに発生するひずみの絶対値は等しく,形は変わらないのだからひずみの合計値はゼロとなるはずである。ところが,公称ひずみを用いると

$$e = \frac{b-a}{a} + \frac{a-b}{b} \neq 0 \tag{2.12}$$

となり,合理的ではない(圧縮時のひずみの値は,公称ひずみ・真ひずみともにマイナスの値となることに注意)。真ひずみを用いると

$$\varepsilon = \ln\left(\frac{b}{a}\right) + \ln\left(\frac{a}{b}\right) = 0 \tag{2.13}$$

となり,引張り時と圧縮時のひずみの絶対値が等しく,形の変化を表すひずみの合計値はゼロとなる。ただし,材料の加工硬化は総変形量によって支配されるので,これの見積りにはひずみの絶対値の和を利用する。

2.3 応力-ひずみ曲線の数式化

塑性変形の解析やシミュレーション計算に当たっては,引張試験または圧縮試験から得られる**応力-ひずみ曲線**(これを SS 曲線,降伏応力曲線あるいは流動応力曲線ということもある)を数式表示しておくと便利である。この場合,真応力-真ひずみが用いられることはいうまでもないが,この応力-ひずみ

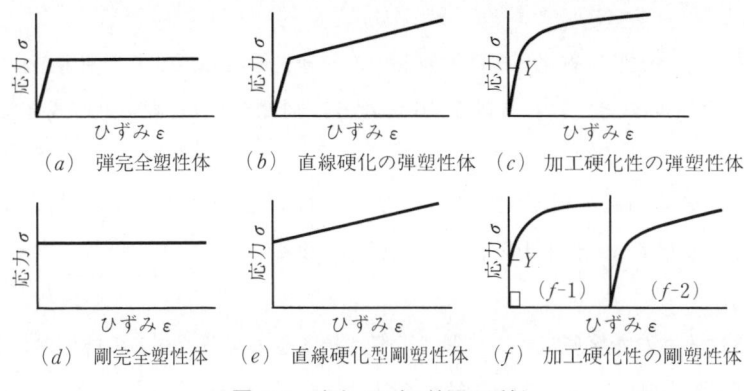

図 *2.4* 応力-ひずみ線図の近似

線図を図 *2.4* のように単純なモデルに置き換えて取り扱うことが多い。

図 2.4(*a*)〜(*c*) は弾性ひずみと塑性ひずみを考慮した弾塑性体近似，同図 (*d*)〜(*f*) は弾性ひずみを無視し塑性ひずみのみを考慮した剛塑性体近似である。弾塑性体と剛塑性体近似のいずれを用いるかは解析の目的によって異なる。例えば，塑性加工によって生じるひずみは弾性ひずみに比較してきわめて大きいので，通常の解析では弾性ひずみを無視した同図 (*d*)〜(*f*) の剛塑性体近似の応力-ひずみ線図を用いることが多い。しかし，塑性加工製品のスプリングバックや残留応力など，材料の弾性に起因する問題を取り扱う場合には同図 (*a*)〜(*c*) の弾塑性体近似の応力-ひずみ線図を用いなければならない。これらの線図の数式表示は以下のように示される。

弾塑性体近似の場合，弾性域はフックの法則によって

$$\sigma = E\varepsilon \tag{2.14}$$

となり，ヤング率 E を傾きとする直線で表せるが，塑性域では応力はひずみの関数 $\sigma = f(\varepsilon)$ で表される。$f(\varepsilon)$ は例えば式 (2.15) のような指数関数で表される。

$$\sigma = Y + F\left(\varepsilon - \frac{Y}{E}\right)^n \tag{2.15}$$

Y は初期降伏応力，F は塑性係数（硬化率），n は定数である。上式で $n=1$ ならば図 2.4(*b*) に示す線図の近似となり，直線型の加工硬化を示す材料と

なる。

一方，弾性変形を省略して塑性変形のみを考えるならば，よく使用されているLudwickの式と呼ばれる式(2.16)となり，図2.4(f)を表す近似式となる。

$$\sigma = Y + F\varepsilon^n \tag{2.16}$$

いま，Yを省略すると，図2.4(f-2)を示す近似式となり，金属材料の降伏応力曲線としてよく使われる，式(2.17)となる。

$$\sigma = F\varepsilon^n \tag{2.17}$$

焼きなまされた金属は，この形で近似されるものが多く，この式におけるnを**加工硬化指数**（n値），Fを**塑性係数**という。n値は材料の加工硬化の程度を示す材料特性値であるが，この値が大きいほど成形限界が向上する。そのため，n値は板材のプレス成形性の評価因子として重要な特性値である（n値はくびれが生じるときの真ひずみに一致する）。表2.1は，代表的金属のn値およびF値の一例を示したものである。

表2.1 n値およびF値の例

	n値	F値	
		MPa	kgf/mm²
軟鋼	0.25	627	64
銅	0.35	258	26.3
ステンレス	0.51	1 500	153
アルミニウム	0.25	153	15.6

応力-ひずみ線図には以上のように種々の近似法が見られるが，数学的な取扱いが繁雑になると解析が困難になるため，加工硬化を考慮しない図2.4(a)の弾完全塑性体近似や，同図(d)の弾性域を無視した剛完全塑性体近似が塑性加工の解析に使用される場合もある。

2.4 変形抵抗・降伏応力と塑性変形に影響を及ぼす材料特性

2.4.1 変形抵抗と降伏応力（流動応力）

材料の塑性変形に対して材料は抵抗を示す。この抵抗値を単位面積当りの抵

抗値として示したものが，塑性加工上の用語として用いられる**変形抵抗**（resistance to deformation）である．鍛造，圧延などの個別の加工法についての「変形抵抗」は，材料と工具の接触面における材料の変形に対する抵抗を示す．個別の加工法についての変形抵抗と，単軸引張り/圧縮変形時の降伏応力（**流動応力**：flow stress）との違いは，式 (2.18) のように，単軸引張り/圧縮変形時の降伏応力（流動応力）に，工具により加工中の金属材料が受ける束縛の影響と材料と工具の間の摩擦抵抗が加わることにある．

$$K = CK_f + K_\mu \tag{2.18}$$

ここで，K は変形抵抗，K_f は降伏応力（流動応力）σ，C は工具により加工中の金属材料が受ける束縛の度合いを表す係数，K_μ は摩擦抵抗である．

変形抵抗は，一般には対象とする塑性加工の名前を付けて呼ばれることが多く，例えば圧延では圧延変形抵抗または圧延加圧力，鍛造では鍛造変形抵抗または鍛造加圧力等と呼ばれ，以下の関係式で使用されることが多い．

　　鍛造加圧力＝鍛造荷重/接触面積
　　圧延加圧力（平均圧延圧力）＝圧延荷重/投影接触面積
　　押出加圧力＝押出荷重/押し金の断面積

したがって，変形抵抗が既知であれば，ただちに加工に要する力を見積もることができ，加工設備の設計に応用することができる．

なお，変形抵抗には加工法に特有の要因すなわち変形の形態，工具により加工中の金属材料が受ける束縛，摩擦等の影響が含まれている．したがって，金属材料に塑性流動を引き起こすのに必要な正味の応力である降伏応力（または流動応力）と変形抵抗とは異なる．

2.4.2　降伏応力への影響因子と降伏応力式

材料が塑性変形する場合，降伏応力（流動応力）は変形の進行すなわちひずみの増加とともに増大するが，ひずみ以外のおもな影響因子は以下のとおりである．

〔**1**〕 **加 工 温 度**

塑性加工は室温から高温に至る温度で行われるが，室温で行われる加工を冷間加工，材料を加熱して再結晶温度以上の高温で行う加工を熱間加工という。一般には加工温度が高くなるに従い，金属材料の流動応力は図 **2.5** のように低下するので，高温になるほど小さな力で加工が可能となる。鋼の熱間圧延の場合を例にとると，加工温度はだいたい 900～1 200℃であるが，この場合に金属材料に永久変形を与えるために必要な応力すなわち流動応力は，室温での流動応力の 20～40％ですむ。それより温度が低くなると，流動応力は徐々に高くなる。この間の関係は温度に依存した流動応力式として，式 (2.19) の形に一般化されている。

$$\sigma = \sigma|_{T=T_0} \exp\left(\frac{A}{T}\right) \tag{2.19}$$

ただし，T は絶対温度，T_0 は参照温度，A は定数であり，鋼の場合，$0.4 \times 10^4 \sim 0.6 \times 10^4$ の値をとる。なお，鋼の降伏応力は 850～900℃の A_3 変態点（フェライト-オーステナイト変態点）付近と，200～300℃の青熱脆性域で極大値を示す。一般的には両温度域で降伏応力（流動応力）が高い上，延性が小さくなるので，この温度域での塑性加工は避けて行われる。

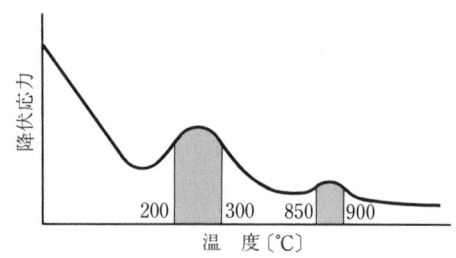

図 **2.5** 鋼の降伏応力（流動応力）に及ぼす温度の影響の概略

〔**2**〕 **加 工 速 度**

金属の降伏応力（流動応力）は図 **2.6** のように加工速度が早くなるとともに増加する。応力とひずみ速度 $\dot{\varepsilon}$ との間には，一般に式 (2.20) の関係が成立する。m の値は常温および高温で高く，中間温度で小さくなり，低温になる

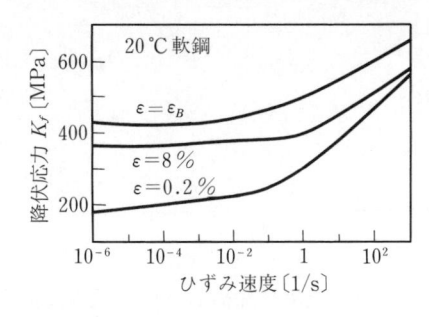

2.4 変形抵抗・降伏応力と塑性変形に影響を及ぼす材料特性

図 2.6 降伏応力（流動応力）のひずみ速度依存性

ほどひずみ速度への依存性が低下する。

$$\sigma = \sigma|_{\dot{\varepsilon}=1.0} \dot{\varepsilon}^m \tag{2.20}$$

ここで，m はひずみ速度依存性指数であり，鋼の場合 $0.10 \sim 0.17$ である。なお，ひずみ速度は，次式で定義される。

$$\dot{\varepsilon} = \frac{d\varepsilon}{dt} \tag{2.21}$$

〔3〕 流動応力の総合式

降伏応力（流動応力）に及ぼすひずみ，加工温度，加工速度等の各種要因を考慮すると，金属材料の流動応力は式 (2.22) の形の実験式に整理される。

$$\sigma(\varepsilon, \dot{\varepsilon}, T) = F\varepsilon^n \dot{\varepsilon}^m \exp\left(\frac{A}{T}\right) \tag{2.22}$$

この流動応力の数式化は，現在のようにコンピュータの著しい発達により理論計算が容易に行える時代においては，きわめて重要である。そこで，この降伏応力式の各定数の値については，多くの研究者により研究されてきた。

鉄鋼材料の流動応力式で，わが国においてよく使用されている式としては，岡本，吉本，美坂[20]による平均流動応力式と，志田[21]の流動応力式がある。

〔4〕 平均流動応力

塑性変形に必要な流動応力をあるひずみ範囲までの平均値として表した値を**平均流動応力**と呼ぶ。平均流動応力は，塑性加工時に被加工材に発生するひずみの平均値より加工に必要な力もしくは圧力を概略見積もるためにしばしば用いられる。例えば，ひずみ ε に至るまでの平均流動応力は，次式により表さ

れる。

$$\sigma^{\text{ave}} = \frac{1}{\varepsilon} \int_0^\varepsilon \sigma(\varepsilon,\ \dot{\varepsilon},\ T)\,d\varepsilon \tag{2.23}$$

2.4.3 塑性変形と材料特性との関係

〔1〕 塑性変形後の材料特性

材料を塑性変形した後にいったん変形を止めて除荷し，再び塑性変形を与える場合，材料の機械的性質はさまざまに変化する。**図 2.7** は材料を圧延した後，引張変形したときの圧延圧下率によるヤング率，降伏応力，引張強さ，全伸び，均一伸び等の機械的性質の変化を示す。このように一次加工により降伏応力，ヤング率，引張強さは高くなり硬化するのに対し，全伸び，均一伸びは低下する。したがって，塑性加工によりつくられた製品の機械的性質は加工度によってこのように変化することを十分念頭に置くことが必要である。

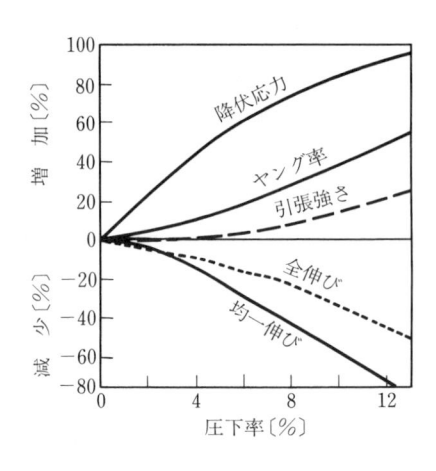

図 2.7　加工度と材料の機械的特性の関係

〔2〕 塑性異方性

材料の機械的性質は材料の圧延方向に対する角度によって**図 2.8** のように異なる。この性質を**塑性異方性**という。これは，材料が製造されるときに受ける塑性加工により，材料内の結晶組織が圧延方向からの傾き（＝角度）によって異なってくるために生じるものである。この異方性は，材料の変形挙動，特

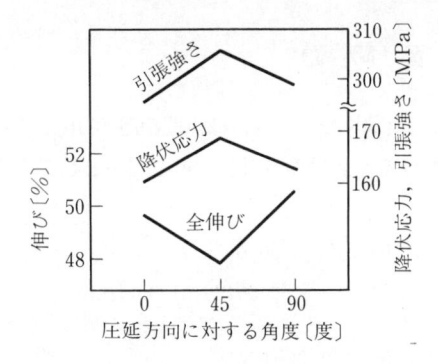

図 2.8 軟鋼の圧延方向に対する異方性

に絞り加工のときには耳の発生等に密接に関係してくるので，良好な製品を得るには重要な特性になる。

〔3〕 バウシンガ効果

材料が引張変形を受け**図 2.9** で点 B まで変形されたあと除荷され，つぎに前と逆方向の圧縮変形を受けると，点 E で降伏を起こす。この場合の降伏応力 σ_E は，σ_B より小さくなる（最初の降伏応力 σ_A よりも小さくなることもある）。すなわち，いったんある方向に塑性変形させた後，逆方向の変形を与えた場合には，最初の変形における降伏よりも小さい応力で塑性変形が開始する。このように変形の途中で変形の方向が変わると，同方向に変形する場合に比べ降伏応力が下がる現象は**バウシンガ効果**と呼ばれる。バウシンガ効果は，特に曲げ-曲げ戻しを受けるような成形では考慮されなければならない因子である。

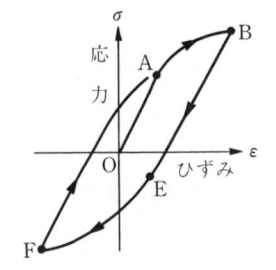

図 2.9 バウシンガ効果

演習問題

1) 直径 15 mm の低炭素丸鋼より引張試片をつくり，標点間距離 50 mm で引張試験を行った。この試験過程における標点長さと引張荷重の関係として，以下の結果が得られた。

荷重　51.9　54.8　58.4　60.8　62.4　63.8　64.8　65.5　66.0　〔kN〕
長さ　51.18　51.59　52.37　53.16　53.92　54.71　55.50　56.29　57.05　〔mm〕

荷重　66.5　66.8　67.0　65.3　63.0　61.3　51.6　42.3　〔kN〕
長さ　57.83　58.62　61.95　68.78　71.12　71.52　72.31　72.64　〔mm〕

　（1）　各標点長さにおける公称応力，公称ひずみを求め，公称応力-公称ひずみ曲線を描きなさい。〔応力単位：MN/m²〕

　（2）　各標点長さにおける真応力，真ひずみを求め，真応力-真ひずみ曲線を描きなさい。〔応力単位：MN/m²〕

　（3）　この場合の加工硬化指数（n 値）および塑性係数（F 値）を求めなさい。

2) 引張時と圧縮時の降伏応力曲線が $\sigma = 500 + 200\varepsilon$ MPa の材料がある。この材料を公称ひずみで 20 % 引っ張った後，その状態から公称ひずみで 20 % 圧縮した場合の降伏応力を求めなさい。

3) ある材料を，1 回当りの公称圧縮率がおのおの 20 % ずつとなるよう繰り返し 5 回圧縮した。この場合，この材料が受けた全ひずみ量を求めなさい。

4) 応力-ひずみ曲線が $\sigma = F\varepsilon^n$ で示される材料の最高荷重点での公称ひずみを e_0，対数ひずみを ε_0 とすると，ε_0，e_0 は n によりどのように表示されるか。また，変形前の標点間距離を L_0〔mm〕とすると，最高荷重点の伸び量はどのように示されるか。

5) 直径 10 mm，標点間距離 100 mm の試験片を引張試験したところ，応力-ひずみ曲線が $\sigma = 686\varepsilon^{0.25}$ MPa であった。この材料の引張強さ，均一伸びを求めなさい。

6) ある金属を引張試験したとき，破断した時点での真ひずみは ε_f であった。いま，断面減少率を ϕ とするとき，ϕ は ε_f により
$$\phi = 1 - \exp(-\varepsilon_f)$$
と表されることを示しなさい。

3 塑性力学の基礎理論

　塑性加工時の金属材料の塑性変形挙動や塑性変形に要する加工力の解析を行う場合の基礎となるのが塑性力学である．塑性力学は単独で一つの学問体系を構成しており，関連する著書も国内外で数多く市販されている．本章では，塑性力学の基礎理論に絞り，各種加工法の解析に必要な応力の大きさと作用方向およびその釣合い，変形とひずみ，塑性変形時の金属材料が満足すべき降伏条件，応力-ひずみ関係式等について説明する．

3.1 塑性力学の体系

　われわれが生活している世界ではさまざまな現象が発生している．この現象を定量的に記述するために重要な役割を果たすのが数学である．ある現象を数学の助けを借りて定量的に記述しようとするとき，ある現象を支配する方程式である支配方程式を核とした方程式系が得られ，これをある境界条件のもとで解くことにより対象とする現象の定量的な解が得られる．塑性加工時に被加工材に発生する現象は，被加工材内部に発生する応力および塑性流動であり，境界条件は工具の形状，加工速度もしくは被加工材に作用する力として与えられる．これを定量的に解明するための方程式系は，最も一般的な3次元問題に対して，以下のとおりに与えられる（図 *3.1* 参照）．

（*1*）　応力テンソルの成分で表された力の釣合い条件（支配方程式）
　　　方程式の数：x, y, z それぞれの方向について各1個で合計3個
　　　変数：応力テンソルの成分で合計9個

30   3. 塑性力学の基礎理論

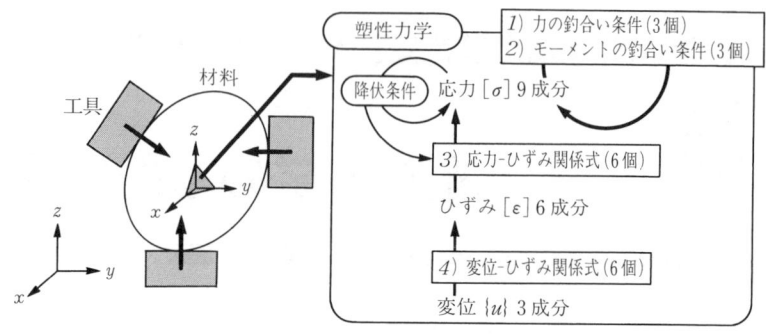

図 3.1 塑性力学の体系

(2) 応力テンソルの成分で表されたモーメントの釣合い条件
　　方程式の数：x, y, z 軸周りについて各 1 個で合計 3 個
　　変数：上と同じで，応力テンソルの成分
(3) 応力-ひずみ（ひずみ速度）関係式（材料の構成式）
　　方程式の数：6 個
　　変数：既出の応力テンソルの成分と，ひずみあるいはひずみ速度テンソルの 6 成分
(4) 変位（速度）とひずみ（ひずみ速度）との関係式
　　方程式の数：ひずみ（ひずみ速度）テンソルの 6 成分についての各 1 個で合計 6 個
　　変数：既出のひずみ（もしくはひずみ速度）テンソルの 6 成分と x, y, z 方向の変位あるいは速度の 3 個

　以上に示した (1)〜(4) に含まれる方程式の総数と変数の数を調べてみる。まず方程式の数は，(1)〜(4) で合計 18 個ある。変数は，応力テンソルの成分 9 個，ひずみ（あるいはひずみ速度）テンソルの成分 6 個，変位（あるいは速度）成分 3 個で合計 18 個ある。つまりこれらの方程式系では方程式と変数の数が一致しているため，適切な境界条件のもとで解くことにより，塑性加工時に被加工材内部に生じる応力および塑性流動の解を得ることができることがわかる。

実際には，これらの方程式をすべて満足した形で解くことは困難であって，塑性加工の解析においては上の式のいずれかに適切な近似を加え，方程式系を簡略化して解くことが多い．さらに，コンピュータにより数値的に解く場合もある．近年塑性加工の解析に盛んに用いられている有限要素法（FEM）は，コンピュータによる代表的な解析方法である．また，本書にて以後用いられる初等解析法（スラブ法）は，これらの方程式の代表的な近似解法である．

3.2 応力と応力の釣合い条件†

3.2.1 応力ベクトル

物体に外力が作用したとき，物体内部の各点には内力が発生する．このような内力を評価する尺度としては，2章にて引張試験について述べたのと同じく，単位面積当りに作用する力が妥当であり，このようにして評価される単位面積当りの力を応力と呼ぶ．さて物体内部の応力を定義するためには，物体の内部に図 3.2 に示されるような仮想的な面を考え，この面に作用する力 ΔF を仮想的な面の面積 ΔA で割った値を考え，これを面積 ΔA を0とした極限として応力を定義する．

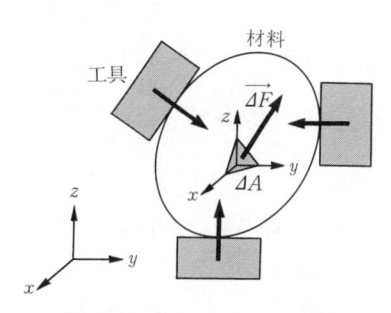

図 3.2 応力ベクトルの定義

$$T = \lim_{\Delta A \to 0} \frac{\Delta F}{\Delta A} \tag{3.1}$$

なお，仮想的な面に切り込みを入れた場合を考える．その場合に，物体内部の応力状態が変化しないためには面に力が作用しなければならないが，このような力 ΔF は大きさと同時に方向も有するはずである（例えば，物体内部が引張応力状態にある場合には面の外向きに力が作用するし，圧縮状態にある場合に

---

† 正しくは力の釣合い条件であるが，応力テンソル $[\sigma]$ の成分によって支配方程式，式(3.16) が表されるので，ここでは応力の釣合い条件と称することにする．

は面の内向きに力が作用する)。したがって力 ΔF はベクトルであり，この面に作用する応力の定義も，正確には次式によらなければならない。

$$\vec{T} = \lim_{\Delta A \to 0} \frac{\Delta \vec{F}}{\Delta A} \tag{3.2}$$

$\vec{T}$ を**応力ベクトル**（traction vector）と呼ぶ。

3.2.2 応力ベクトルと応力テンソル

図 3.2 に示した物体より，図 3.3 に示した 4 面体を切り出した場合を考える。この 4 面体のうち 3 面は直交座標系の 2 軸を含む面と考え，x, y 軸を含む面を z^- 面（マイナスは外向き法線が z 軸マイナス方向を向いていることに対応している），y, z 軸を含む面を x^- 面，z, x 軸を含む面を y^- 面とする。これら

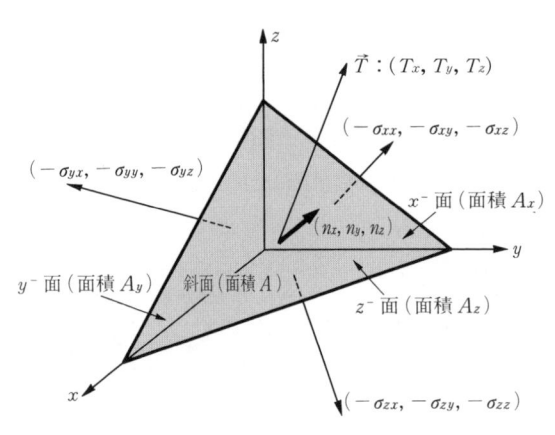

図 3.3 4 面体についての釣合い条件

の x^-, y^-, z^- 面と残る 1 面（すなわち斜面）には前項にて述べた応力ベクトルが作用しているはずであるが，これらの応力ベクトルの成分を以下のように定義する。なお，マイナス記号は応力が引張りで正の値を取ることに対応する。

x^- 面：$(-\sigma_{xx}, -\sigma_{xy}, -\sigma_{xz})$

y^- 面：$(-\sigma_{yx}, -\sigma_{yy}, -\sigma_{yz})$

z^- 面：$(-\sigma_{zx}, -\sigma_{zy}, -\sigma_{zz})$

斜　面：(T_x, T_y, T_z)

x^-, y^-, z^- 面および斜面の面積をそれぞれ A_x, A_y, A_z, A とすると，この 4 面体についての x, y, z 方向それぞれについての力の釣合い条件式は，4 面体に作用する力の合計がゼロになることから，次式により与えられる。

x 方向の力の釣合い条件：$T_x A - \sigma_{xx} A_x - \sigma_{yx} A_y - \sigma_{zx} A_z = 0$ （3.3 a）

y 方向の力の釣合い条件：$T_y A - \sigma_{xy} A_x - \sigma_{yy} A_y - \sigma_{zy} A_z = 0$ （3.3 b）

z 方向の力の釣合い条件：$T_z A - \sigma_{xz} A_x - \sigma_{yz} A_y - \sigma_{zz} A_z = 0$ （3.3 c）

斜面の単位面法線ベクトル $\vec{n}$ の成分（n_x, n_y, n_z）と面積比との関係より，

$$n_x = \frac{A_x}{A}, n_y = \frac{A_y}{A}, n_z = \frac{A_z}{A}$$

が得られるので，これを式 (3.3 a)〜(3.3 c) に代入すると，次式が得られる．なお，単位面法線ベクトル $\vec{n}$ の成分（n_x, n_y, n_z）を**方向余弦**と呼ぶこともある．

$$T_x = \sigma_{xx} n_x + \sigma_{yx} n_y + \sigma_{zx} n_z \qquad (3.4\ \text{a})$$

$$T_y = \sigma_{xy} n_x + \sigma_{yy} n_y + \sigma_{zy} n_z \qquad (3.4\ \text{b})$$

$$T_z = \sigma_{xz} n_x + \sigma_{yz} n_y + \sigma_{zz} n_z \qquad (3.4\ \text{c})$$

上式は**コーシーの式**と呼ばれている．式 (3.4 a)〜(3.4 c) をマトリックス表示すると式 (3.5) が得られる．

$$\begin{Bmatrix} T_x \\ T_y \\ T_z \end{Bmatrix} = \begin{bmatrix} \sigma_{xx} & \sigma_{yx} & \sigma_{zx} \\ \sigma_{xy} & \sigma_{yy} & \sigma_{zy} \\ \sigma_{xz} & \sigma_{yz} & \sigma_{zz} \end{bmatrix} \begin{Bmatrix} n_x \\ n_y \\ n_z \end{Bmatrix} \qquad (3.5)$$

式 (3.5) は，斜面の単位面法線ベクトルと斜面に作用する応力ベクトルとの変換則を表しており，このようにベクトルをベクトルに変換する作用を**テンソル**と呼ぶ．ゆえに式 (3.5) の係数行列 $[\sigma]$ は**応力テンソル**（stress tensor）と呼ばれる．なお，係数行列 $[\sigma]$ の成分は二つの**指標**（index）を有しているが，これらは定義より明らかなとおり，第 1 指標は作用する面，第 2 指標は作用する方向を表している．すなわち

$$\begin{bmatrix} \sigma_{xx} & \sigma_{yx} & \sigma_{zx} \\ \sigma_{xy} & \sigma_{yy} & \sigma_{zy} \\ \sigma_{xz} & \sigma_{yz} & \sigma_{zz} \end{bmatrix}$$

の第 1 列，第 2 列，第 3 列はそれぞれ x, y, z 軸に垂直な面に作用する応力ベクトルの成分を，第 1 行，第 2 行，第 3 行は作用する方向を表している．

3.2.3　1次元および2次元応力状態における応力場

前項において示したコーシーの式は，3次元応力状態について与えられる一般式であるが，1次元および2次元応力状態を考えると，応力テンソルの成分についてのより単純な関係式が得られる。以下に1次元応力状態および2次元応力状態下の応力テンソルの成分が満足する関係について説明する。

〔1〕　1次元応力状態

2章において述べた引張試験において，試験部に作用する応力は等しい。すなわち試験片軸方向に x 方向をとると，試験部に作用している応力は σ_{xx} のみであり，σ_{xx} の値は試験部どこでも等しい。いま，試験片を引張軸に対して垂直な面 AB に沿って切断すると，当然のことながらこの面に作用する応力ベクトルの成分は，以下の式で表される。

$$T_x = n_x \sigma_{xx}, \quad T_y = 0 \tag{3.6}$$

ただし切断面の外向き法線が x^+ 方向を向いている場合は $n_x = 1$，x^- 方向を向いている場合は $n_x = -1$ である。試験片を図 **3.4** のように斜面 AC に沿って切断したとする。斜面と垂直面との角度を ϕ とし，同図のように y 軸をとれば，斜面 AB の単位面法線ベクトルの成分 $\vec{n}$ は $(\cos\phi, \sin\phi)$ と表される。したがってコーシーの式より，斜面 AC に作用する応力ベクトルの成分は，次式により表される。

$$\vec{T} : \begin{Bmatrix} T_x \\ T_y \end{Bmatrix} = \begin{Bmatrix} \sigma_{xx}\cos\phi \\ 0 \end{Bmatrix} \tag{3.7}$$

斜面 AC に作用する応力ベクトルを，斜面に垂直な方向と斜面の接線方向に分離し，それぞれ σ_{Normal}，$\sigma_{Tangent}$ と記すものとする。斜面の接線方向を向く

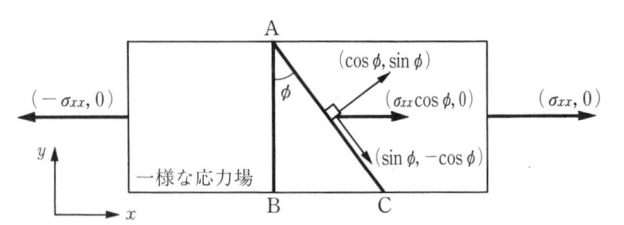

図 **3.4**　1次元応力状態

単位ベクトル $\vec{t}$ の成分は斜面の角度 ϕ を用いて $(\sin\phi, -\cos\phi)$ と書けるので，σ_{Normal} と $\sigma_{Tangent}$ は応力ベクトルと $\vec{n}$，$\vec{t}$ の内積をとることにより以下の式で表される．

$$\sigma_{Normal} = \vec{T} \cdot \vec{n} = \sigma_{xx} \cos^2\phi \quad (3.8\,\text{a})$$

$$\sigma_{Tangent} = \vec{T} \cdot \vec{t} = \sigma_{xx} \cos\phi \sin\phi \quad (3.8\,\text{b})$$

倍角公式を用いて式 (3.8) を変形すると，式 (3.9) が得られる．

$$\sigma_{Normal} = \frac{\sigma_{xx}}{2} + \frac{\sigma_{xx}}{2}\cos 2\phi \quad (3.9\,\text{a})$$

$$\sigma_{Tangent} = \frac{\sigma_{xx}}{2}\sin 2\phi \quad (3.9\,\text{b})$$

$\sin^2 2\phi + \cos^2 2\phi = 1$ であるから，式 (3.9) より斜面の角度 ϕ を消去すると式 (3.10) が得られる．

$$\left(\sigma_{Normal} - \frac{\sigma_{xx}}{2}\right)^2 + \sigma_{Tangent}^2 = \left(\frac{\sigma_{xx}}{2}\right)^2 \quad (3.10)$$

この関係式はモールにより**図 3.5** のように図化されており，これを1次元応力状態に対する**モールの応力円**と呼ぶ．この円より，斜面 AC を任意の位置（角度）にとったときの垂直応力 σ_{Normal} とせん断応力 $\sigma_{Tangent}$ がわかる．ここで，斜面の角度が ϕ だけ変わ

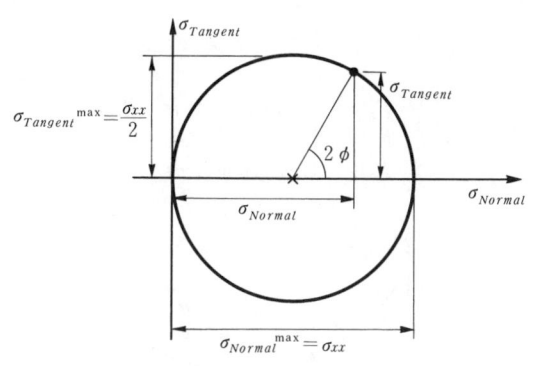

図 3.5 1次元応力状態におけるモールの応力円

った面は，モールの応力円では 2ϕ 変わっていることに注意する必要がある．

〔2〕 2次元応力状態

2次元応力状態とは，応力テンソルの9成分のうち σ_{xx}，σ_{yy}，σ_{xy}，σ_{yx}，σ_{zz} 以外の4成分が0である状態のことを指す．なお，残る5成分のうち xy 面内せん断応力成分については $\sigma_{xy} = \sigma_{yx}$ なる関係が成立しており（証明は後述），

さらに $\sigma_{zz} = 0$ が成立している場合には $\sigma_{xx}, \sigma_{yy}, \sigma_{xy}$ の 3 成分により応力状態が記述できることになる．これは，考えている xy 平面内の応力テンソルの成分のみにおいて応力状態が記述できることになり，このような応力状態を特に**平面応力状態**と呼ぶ．

なお，変形が平面内においてのみ発生する場合を**平面ひずみ状態**と呼ぶが，この場合には $\sigma_{zz} = 0$ とはならないので，この場合の応力状態は平面内の応力テンソルの成分に加え，面垂直方向の応力により応力状態を記述する必要がある．ただし，平面内の応力状態すなわち 2 次元応力状態について考える場合には面垂直方向の応力は無関係であるので，以下の内容は平面ひずみ，平面応力いずれの場合についても成立している．

xy 面内について，斜面上に作用する応力ベクトル $\vec{T}$ の x および y 方向成分 T_x, T_y と，x^- 面上に作用する応力ベクトル（テンソル）の成分 $-\sigma_{xx}$ (x 方向)，$-\sigma_{xy}$ (y 方向) および y^- 面上に作用する応力ベクトル（テンソル）の成分 $-\sigma_{yx} = -\sigma_{xy}$ (x 方向)，$-\sigma_{yy}$ (y 方向) の釣合いは，コーシーの式 (3.5) を変形した次式により表される．

$$\vec{T} : \begin{Bmatrix} T_x \\ T_y \end{Bmatrix} = \begin{Bmatrix} \sigma_{xx} \cos\phi + \sigma_{xy} \sin\phi \\ \sigma_{xy} \cos\phi + \sigma_{yy} \sin\phi \end{Bmatrix} \tag{3.11}$$

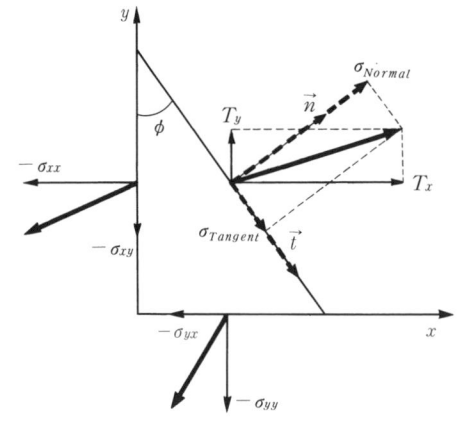

ただし ϕ は斜面の角度である（図 **3.6** 参照）．斜面の法線方向単位ベクトルおよび接線方向単位ベクトル $\vec{n}, \vec{t}$ の成分はそれぞれ，$(\cos\phi, \sin\phi)$ および $(\sin\phi, -\cos\phi)$ と表される．ゆえに，斜面上に作用する応力ベクトルの垂直およびせん断方向成分 $\sigma_{Normal}, \sigma_{Tangent}$ は次式により表される．

図 **3.6** 斜面に作用する応力ベクトル

3.2 応力と応力の釣合い条件

$$\sigma_{Normal} = \vec{T} \cdot \vec{n} = \sigma_{xx}\cos^2\phi + 2\sigma_{xy}\cos\phi\sin\phi + \sigma_{yy}\sin^2\phi \quad (3.12\text{ a})$$

$$\sigma_{Tangent} = \vec{T} \cdot \vec{t} = \sigma_{xx}\cos\phi\sin\phi - \sigma_{xy}(\cos^2\phi - \sin^2\phi) - \sigma_{yy}\cos\phi\sin\phi \quad (3.12\text{ b})$$

倍角公式を用いて上式を書き換えると，以下のとおりとなる。

$$\sigma_{Normal} = \frac{\sigma_{xx} + \sigma_{yy}}{2} + \frac{\sigma_{xx} - \sigma_{yy}}{2}\cos 2\phi + \sigma_{xy}\sin 2\phi \quad (3.13\text{ a})$$

$$\sigma_{Tangent} = \frac{\sigma_{xx} - \sigma_{yy}}{2}\sin 2\phi - \sigma_{xy}\cos 2\phi \quad (3.13\text{ b})$$

式 (3.13) を斜面の角度 ϕ についてプロットすると図 **3.7** が得られる。斜面上に作用する応力ベクトルの垂直方向成分が極値 $\sigma_{Normal}{}^{max}$ および $\sigma_{Normal}{}^{min}$ をとる場合には $\sigma_{Tangent}$ が 0 となること（このような面を**主応力面**と呼ぶ）。また，せん断応力の極値（最大せん断応力）は

$$\sigma_{Tangent}{}^{max} = \frac{1}{2}\left(\sigma_{Normal}{}^{max} - \sigma_{Normal}{}^{min}\right) \quad (3.14)$$

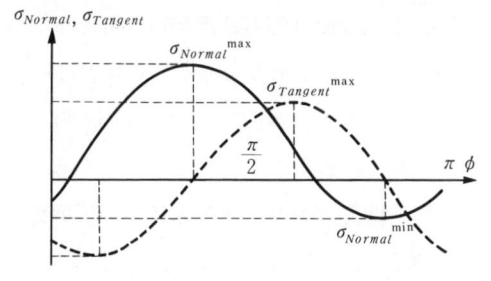

図 **3.7** 主応力と主方向（2 次元応力状態）

となり，垂直応力の極値（これらを**主応力**と呼ぶ）は以下の式により表される。

$$\left.\begin{array}{r}\sigma_{Normal}{}^{max}\\ \sigma_{Normal}{}^{min}\end{array}\right\} = \frac{\sigma_{xx} + \sigma_{yy}}{2} \pm \sqrt{\left(\frac{\sigma_{xx} - \sigma_{yy}}{2}\right)^2 + \sigma_{xy}{}^2} \quad (3.15)$$

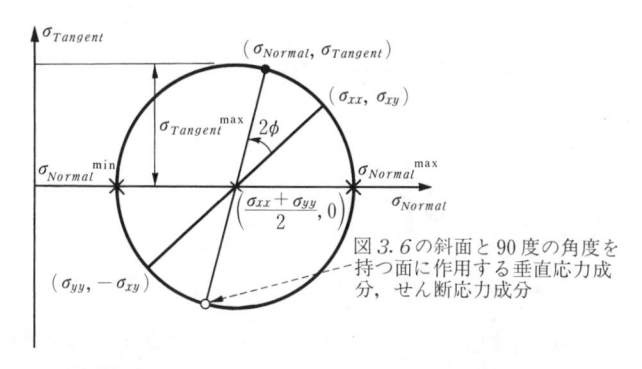

図 **3.8** 2 次元応力状態に対するモールの応力円

式 (3.13 a) と (3.13 b) を $\sigma_{Normal} \sim \sigma_{Tangent}$ 平面に書くと，図 **3.8** が得られる．これを二次元応力場のモールの応力円と呼び，その方程式は以下のとおりに記すことができる．

$$\left(\sigma_{Normal} - \frac{\sigma_{xx} + \sigma_{yy}}{2}\right)^2 + (\sigma_{Tangent})^2 = \left(\sqrt{\left(\frac{\sigma_{xx} - \sigma_{yy}}{2}\right)^2 + (\sigma_{xy})^2}\right)^2$$

(3.13 c)

3.2.4 応力テンソルの成分についての力の釣合い条件

以上の議論では応力状態が均一である場合を考えていたが，以後応力が位置 (x, y, z) の関数であり分布がある場合の応力テンソルの成分についての力の釣合い条件を導く．塑性加工時の被加工材の応力状態を解明するに当たっては，以下の式が基礎となる支配方程式である．

〔**1**〕 直交デカルト座標系についての釣合い条件

図 **3.9** に示すそれぞれの辺の長さが $\Delta x, \Delta y, \Delta z$ である微小直方体を考え，応力テンソルの成分

$$\begin{bmatrix} \sigma_{xx} & \sigma_{yx} & \sigma_{zx} \\ \sigma_{xy} & \sigma_{yy} & \sigma_{zy} \\ \sigma_{xz} & \sigma_{yz} & \sigma_{zz} \end{bmatrix}$$

が座標軸原点において与えられているものとする．x 軸に垂直であり x の正の方向を向く面を x^+ 面，負の方向を向く面を x^- 面とし，y 軸および z 軸に

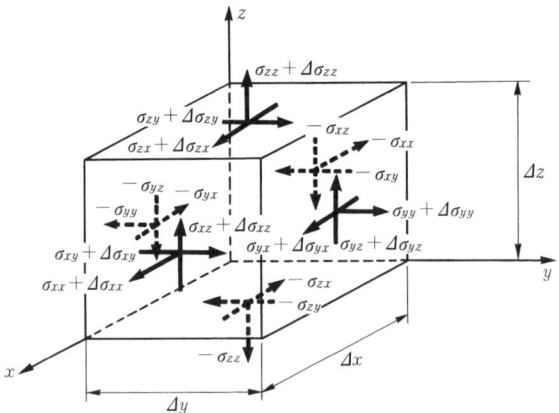

図 **3.9** 直交座標系についての釣合い条件

垂直な正負方向を向く面をそれぞれ y^+, y^-, z^+, z^- 面とする。この微小直方体に作用する体積力（慣性力，重力）は無視できるものとする。原点を含む面である x^- 面，y^- 面，z^- 面に作用する応力ベクトルの成分は，3.2.2 項と同じく以下のとおり与えられる。

x^- 面：$(-\sigma_{xx}, -\sigma_{xy}, -\sigma_{xz})$

y^- 面：$(-\sigma_{yx}, -\sigma_{yy}, -\sigma_{yz})$

z^- 面：$(-\sigma_{zx}, -\sigma_{zy}, -\sigma_{zz})$

x^+ 面，y^+ 面，z^+ 面は原点よりそれぞれ $\Delta x, \Delta y, \Delta z$ の距離だけ隔たっているので，原点における値からの変動量 $[\Delta\sigma]$ を考慮し，この面での応力ベクトルの成分は以下のとおり表されるはずである。

x^+ 面：$(\sigma_{xx} + \Delta\sigma_{xx}, \sigma_{xy} + \Delta\sigma_{xy}, \sigma_{xz} + \Delta\sigma_{xz})$

y^+ 面：$(\sigma_{yx} + \Delta\sigma_{yx}, \sigma_{yy} + \Delta\sigma_{yy}, \sigma_{yz} + \Delta\sigma_{yz})$

z^+ 面：$(\sigma_{zx} + \Delta\sigma_{zx}, \sigma_{zy} + \Delta\sigma_{zy}, \sigma_{zz} + \Delta\sigma_{zz})$

考えている直方体は微小であるから，1次のテーラー展開を行うと x^+ 面，y^+ 面，z^+ 面に作用する応力ベクトルの成分は，原点での値と変化率を用いて以下のとおり近似できる。

x^+ 面：$\left(\sigma_{xx} + \dfrac{\partial \sigma_{xx}}{\partial x}\Delta x, \sigma_{xy} + \dfrac{\partial \sigma_{xy}}{\partial x}\Delta x, \sigma_{xz} + \dfrac{\partial \sigma_{xz}}{\partial x}\Delta x\right)$

y^+ 面：$\left(\sigma_{yx} + \dfrac{\partial \sigma_{yx}}{\partial y}\Delta y, \sigma_{yy} + \dfrac{\partial \sigma_{yy}}{\partial y}\Delta y, \sigma_{yz} + \dfrac{\partial \sigma_{yz}}{\partial y}\Delta y\right)$

z^+ 面：$\left(\sigma_{zx} + \dfrac{\partial \sigma_{zx}}{\partial z}\Delta z, \sigma_{zy} + \dfrac{\partial \sigma_{zy}}{\partial z}\Delta z, \sigma_{zz} + \dfrac{\partial \sigma_{zz}}{\partial z}\Delta z\right)$

x^+ 面，x^- 面の面積は $\Delta y \Delta z$，y^+ 面，y^- 面の面積は $\Delta z \Delta x$，z^+ 面，z^- 面の面積は $\Delta x \Delta y$ であるから，この直方体の各方向の力の釣合いは，すべての面に作用する力の総和をとることにより式 (3.16) で表される。

x 方向の釣合い：$\dfrac{\partial \sigma_{xx}}{\partial x} + \dfrac{\partial \sigma_{yx}}{\partial y} + \dfrac{\partial \sigma_{zx}}{\partial z} = 0$ （3.16 a）

y 方向の釣合い：$\dfrac{\partial \sigma_{xy}}{\partial x} + \dfrac{\partial \sigma_{yy}}{\partial y} + \dfrac{\partial \sigma_{zy}}{\partial z} = 0$ （3.16 b）

z 方向の釣合い： $\dfrac{\partial \sigma_{xz}}{\partial x} + \dfrac{\partial \sigma_{yz}}{\partial y} + \dfrac{\partial \sigma_{zz}}{\partial z} = 0$ (3.16 c)

なお，図3.9の六面体についてのモーメントの釣合い条件より

$$\sigma_{xy} = \sigma_{yx} \tag{3.16 d}$$

$$\sigma_{yz} = \sigma_{zy} \tag{3.16 e}$$

$$\sigma_{zx} = \sigma_{xz} \tag{3.16 f}$$

が得られる。すなわち，応力テンソル $[\sigma]$ は対称テンソルである。

〔2〕 円柱座標系についての釣合い条件

丸棒のように断面が円の柱状の材料を押し出したり，引き抜いたりするときの応力解析には，円柱座標を用いて応力を表すと便利である。この場合の座標を図 3.10 のようにとると，応力テンソルの成分についての r, θ, z 方向の釣合い条件は式(3.17)により表される。

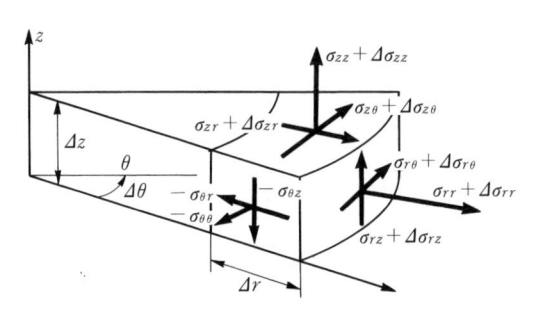

図 3.10　円柱座標系についての釣合い条件

$$\frac{\partial \sigma_{rr}}{\partial r} + \frac{1}{r}\frac{\partial \sigma_{\theta r}}{\partial \theta} + \frac{\partial \sigma_{zr}}{\partial z} + \frac{\sigma_{rr} - \sigma_{\theta\theta}}{r} = 0 \tag{3.17 a}$$

$$\frac{\partial \sigma_{r\theta}}{\partial r} + \frac{1}{r}\frac{\partial \sigma_{\theta\theta}}{\partial \theta} + \frac{\partial \sigma_{z\theta}}{\partial z} + \frac{2\sigma_{r\theta}}{r} = 0 \tag{3.17 b}$$

$$\frac{\partial \sigma_{rz}}{\partial r} + \frac{1}{r}\frac{\partial \sigma_{\theta z}}{\partial \theta} + \frac{\partial \sigma_{zz}}{\partial z} + \frac{\sigma_{rz}}{r} = 0 \tag{3.17 c}$$

特に軸対称変形の場合，すなわち θ 方向の変位および応力の θ 方向の分布が無視できる場合には

$$\sigma_{\theta z} = \sigma_{z\theta} = \sigma_{r\theta} = \sigma_{\theta r} = 0, \frac{\partial \sigma_{\theta\theta}}{\partial \theta} = 0$$

となり，θ 方向の釣合いは自動的に満足される。さらに，r, z 方向の応力の釣合い方程式は式(3.18)のように簡略化できる。

$$\frac{\partial \sigma_{rr}}{\partial r} + \frac{\partial \sigma_{zr}}{\partial z} + \frac{\sigma_{rr} - \sigma_{\theta\theta}}{r} = 0 \qquad (3.18\text{ a})$$

$$\frac{\partial \sigma_{rz}}{\partial r} + \frac{\partial \sigma_{zz}}{\partial z} + \frac{\sigma_{rz}}{r} = 0 \qquad (3.18\text{ b})$$

3.3 変形およびひずみ

3.3.1 垂直ひずみとせん断ひずみ

2章において，引張試験を例にとり公称ひずみおよび真ひずみ（対数ひずみ）を定義した．ひずみとは，物体が受けた変形を表す無次元量であって，2章の引張試験の箇所において述べた垂直ひずみと，せん断ひずみに分けることができる．変形が微小である場合，公称ひずみ e と真ひずみ ε （対数ひずみ）とは一致し，その場合の垂直ひずみは，図 3.11(a) のように長さ L_0 の物体が L_1 まで変形した状態について，式 (3.19) により与えられる．

$$\varepsilon \cong e = \frac{L_1 - L_0}{L_0} \qquad (3.19)$$

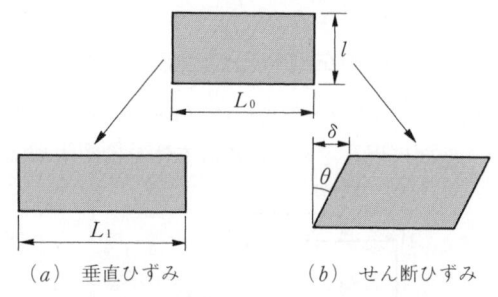

(a) 垂直ひずみ　　(b) せん断ひずみ

図 3.11 垂直ひずみとせん断ひずみ

一方，図 3.11(b) のようにせん断変形を受けた場合，この変形量はせん断ひずみとして式 (3.20) で与えられる．

$$\gamma = \frac{\delta}{l} = \tan\theta \cong \theta \qquad (3.20)$$

式 (3.20) は，公称ひずみが角度変化により与えられることを意味している．式 (3.19) および (3.20) はあくまでも変形が微小である場合についてのみ成立する．

3.3.2 3次元問題に対するひずみの定義

本項では，3.3.1項にて述べた垂直ひずみおよびせん断ひずみを3次元問題に拡張する。変形が微小な場合，3次元問題に対する各方向のひずみ成分は以下のとおりに与えられる。

図 3.12(a)に示されているように，変形前の物体中の直方体である一部分を考え，辺の長さをそれぞれ $\Delta x, \Delta y, \Delta z$ とする。この直方体が変形後には立体的なひし形になり，すなわち直方体の基準点 A は，変形後点 A′ に移動したものとする。点 A の位置ベクトルを (x, y, z)，点 A′ の位置ベクトルを (x', y', z') とすれば，変形による点 A の移動量は次式により与えられる。

$$u_x = x' - x \tag{3.21 a}$$

$$u_y = y' - y \tag{3.21 b}$$

$$u_z = z' - z \tag{3.21 c}$$

式 (3.21) の左辺を成分とするベクトル $\vec{u}$ を**変位ベクトル**と呼ぶ。以後，理解を容易にするために，図 3.12(a)を xy 面に投影して考える。

xy 面に現在考えている直方体を投影すれば長方形 ABCD となり，この部分

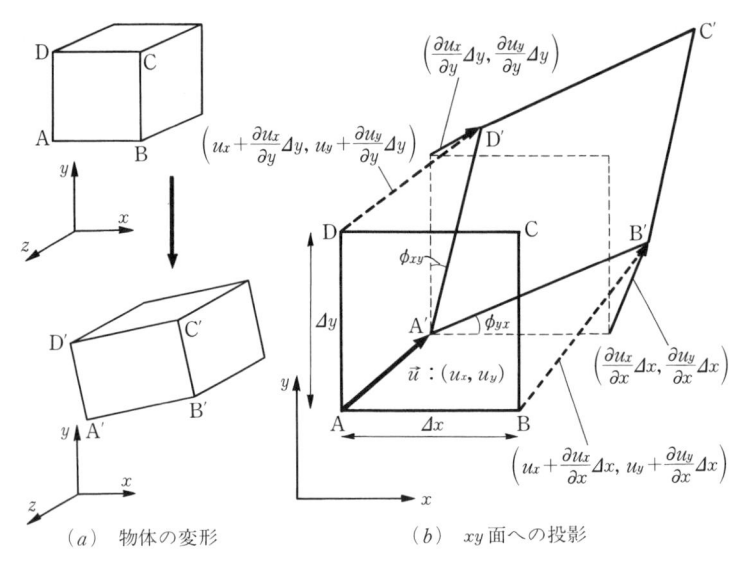

(a) 物体の変形   (b) xy 面への投影

図 3.12 変位とひずみ

が変形後ひし形 A′B′C′D′ となった状態を考えればよい。点 A の変位は，式 (3.21 a)，(3.21 b) にて与えられる。つぎに点 A より x 方向に Δx だけ隔たった点 B の変位を考える。線素 AB 上において変形がない場合には点 B の変位ベクトルは点 A の変位ベクトルと等しいはずであるが，変形がある場合には点 B の変位ベクトルは点 A の変位ベクトルとは異なるはずである。したがって，点 B の変位ベクトル $\overrightarrow{u^B}$ の成分は以下の式により表される。

$$u^B_x = u_x + \Delta u_x \tag{3.22 a}$$

$$u^B_y = u_y + \Delta u_y \tag{3.22 b}$$

ただし $\Delta u_x, \Delta u_y$ は**変位ベクトルの変化量**であり，特に式 (3.22 a)(3.22 b) の中ではその x 方向変化量を表す。点 A での変位の変化率を用いてテーラー展開すると，$\Delta u_x = (\partial u_x/\partial x)\Delta x$，$\Delta u_y = (\partial u_y/\partial x)\Delta x$ と表される。したがって，変形前の AB の x 方向長さは Δx であるのに対して，変形後の A′B′ の x 方向長さは，$\Delta x + \Delta u_x = \Delta x + (\partial u_x/\partial x)\Delta x$ となる。そこで，式 (3.19) の垂直ひずみの定義式をこの場合について適用することにより，x 方向の垂直ひずみ e_{xx} が次式により得られる。

$$e_{xx} = \frac{\left(\Delta x + \dfrac{\partial u_x}{\partial x}\Delta x\right) - \Delta x}{\Delta x} = \frac{\partial u_x}{\partial x} \tag{3.23 a}$$

この式の導出には，基準長さを変形前の AB 間の長さにとっているので，このひずみは公称ひずみである。ただし変形が微小であるときには，公称ひずみと真ひずみの差はほとんどないので，記号 e（公称ひずみ）を ε（真ひずみ）に置き換えてもかまわない。以上と同様の手順を AD について行うことにより，y 方向の垂直ひずみ e_{yy} が得られる。

$$e_{yy} = \frac{\left(\Delta y + \dfrac{\partial u_y}{\partial y}\Delta y\right) - \Delta y}{\Delta y} = \frac{\partial u_y}{\partial y} \tag{3.23 b}$$

せん断ひずみは，式 (3.20) のように角度の変化量で与えられ，図 *3.12*(*b*) については，変形前の点 A の角度 ∠DAB（=90 度）から変形後の点 A′ の角度 ∠D′A′B′ への変化量を考えればよい。そこでこれを計算するために点 B

の y 方向変位を考えると，これは式 (3.22 b) により与えられている．式 (3.20) において用いられているせん断変位 δ は，この場合には [(点 B より点 B′ への y 方向変位) − (点 A より点 A′ への y 方向変位)] に対応する．これは，点 A と点 A′ を一致させた仮想的な状態を考えると理解できよう．したがって，線 AB のせん断変位は $(u_y + \Delta u_y) - u_y = \Delta u_y$ であり，テーラー展開をすると $\Delta u_y = (\partial u_y / \partial x) \Delta x$ と表される（既出）．したがって線 AB の変形に伴う角度変化 ϕ_{yx} は次式により与えられる．

$$\phi_{yx} = \frac{\partial u_y}{\partial x} \tag{3.23 c}$$

同様に，線 AD の変形に伴う角度変化 ϕ_{xy} は，次式により与えられる．

$$\phi_{xy} = \frac{\partial u_x}{\partial y} \tag{3.23 d}$$

点 A の角度の変化量の合計 ∠D′A′B′ − ∠DAB がせん断ひずみであり，次式により与えられる．

$$\gamma_{xy} = \phi_{xy} + \phi_{yx} = \frac{\partial u_y}{\partial x} + \frac{\partial u_x}{\partial y} \tag{3.23 e}$$

以上，空間内で変形する物体の xy 面への投影を考えこの面内でのひずみの定義について考察してきた．同じ手順を，yz 面への投影および zx 面への投影について行うことにより，垂直ひずみ 3 成分，せん断ひずみ 3 成分が以下の式により与えられる．

（垂直ひずみ）

$$e_{xx} = \frac{\partial u_x}{\partial x} \tag{3.24 a}$$

$$e_{yy} = \frac{\partial u_y}{\partial y} \tag{3.24 b}$$

$$e_{zz} = \frac{\partial u_z}{\partial z} \tag{3.24 c}$$

（せん断ひずみ）

$$\gamma_{xy} = \frac{\partial u_x}{\partial y} + \frac{\partial u_y}{\partial x} \tag{3.24 d}$$

$$\gamma_{yz} = \frac{\partial u_y}{\partial z} + \frac{\partial u_z}{\partial y} \qquad (3.24\ \mathrm{e})$$

$$\gamma_{zx} = \frac{\partial u_z}{\partial x} + \frac{\partial u_x}{\partial z} \qquad (3.24\ \mathrm{f})$$

前述の3次元問題に対して与えられるひずみは，応力と同じくテンソルとしての性質を持つ．式 (3.24 a)～(3.24 c) により与えられる垂直ひずみについては，このままの式を公称ひずみテンソル $[e]$ の成分であると考えて差し支えないが，式 (3.24 d)～(3.24 f) のせん断ひずみについてはこれらの値の 1/2 が，公称ひずみテンソル

$$[e] = \begin{bmatrix} e_{xx} & e_{xy} & e_{zx} \\ e_{xy} & e_{yy} & e_{yz} \\ e_{zx} & e_{yz} & e_{zz} \end{bmatrix}$$

の成分であるための条件を満足する．そこで，式 (3.24 d)～(3.24 f) により与えられるせん断ひずみを特に工学的せん断ひずみと呼ぶ．さらに，これの値の 1/2 により定まる以下の量

$$e_{xy} = \frac{1}{2}\left(\frac{\partial u_x}{\partial y} + \frac{\partial u_y}{\partial x}\right) \qquad (3.25\ \mathrm{a})$$

$$e_{yz} = \frac{1}{2}\left(\frac{\partial u_y}{\partial z} + \frac{\partial u_z}{\partial y}\right) \qquad (3.25\ \mathrm{b})$$

$$e_{zx} = \frac{1}{2}\left(\frac{\partial u_z}{\partial x} + \frac{\partial u_x}{\partial z}\right) \qquad (3.25\ \mathrm{c})$$

が公称ひずみテンソル $[e]$ のせん断方向成分である．以下本章では，テンソルとしての性質を満足する量，すなわち，式 (3.24 a)～(3.24 c)，(3.25) を用いつつ話を進める．

3.3.3　ひずみ増分およびひずみ速度

一般に塑性加工で扱う変形はかなり大きい場合が多い．そのため，たとえ変形の最初と最後の状態が同じであっても，変形の途中過程が大きく異なることがある．したがって，大きなひずみの場合は，変形前後の形の差のみで定義される公称ひずみの概念をそのまま適用することはできない場合が多い．

2章にて公称ひずみと真ひずみ（対数ひずみ）について説明した．塑性加工のように大きな変形を生じる場合には公称ひずみ e では材料の伸び率もしくは圧縮率を正しく表すことはできず，時々刻々の伸び率（あるいは圧縮率）を積分することにより得られる真ひずみ（対数ひずみ）ε が材料の正しい伸び率あるいは圧縮率を与える．したがってこの考え方を踏襲し，前項にて変形が微小であることを前提に導かれていたひずみを，ある時刻を基準にして微小時間 dt だけ経過したときの変位の増加量（変位増分）$d\bar{u}$ とひずみの増加量（ひずみ増分）$d\varepsilon$ との関係に置き換えることにより，3次元問題に対するひずみ増分およびひずみ速度を定義する．

$$d\varepsilon_{xx} = \frac{\partial(du_x)}{\partial x}, \; \dot{\varepsilon}_{xx} = \frac{\partial \dot{u}_x}{\partial x} \tag{3.26 a}$$

$$d\varepsilon_{yy} = \frac{\partial(du_y)}{\partial y}, \; \dot{\varepsilon}_{yy} = \frac{\partial \dot{u}_y}{\partial y} \tag{3.26 b}$$

$$d\varepsilon_{zz} = \frac{\partial(du_z)}{\partial z}, \; \dot{\varepsilon}_{zz} = \frac{\partial \dot{u}_z}{\partial z} \tag{3.26 c}$$

$$d\varepsilon_{xy} = \frac{1}{2}\left(\frac{\partial(du_x)}{\partial y} + \frac{\partial(du_y)}{\partial x}\right), \; \dot{\varepsilon}_{xy} = \frac{1}{2}\left(\frac{\partial \dot{u}_x}{\partial y} + \frac{\partial \dot{u}_y}{\partial x}\right) \tag{3.26 d}$$

$$d\varepsilon_{yz} = \frac{1}{2}\left(\frac{\partial(du_y)}{\partial z} + \frac{\partial(du_z)}{\partial y}\right), \; \dot{\varepsilon}_{yz} = \frac{1}{2}\left(\frac{\partial \dot{u}_y}{\partial z} + \frac{\partial \dot{u}_z}{\partial y}\right) \tag{3.26 e}$$

$$d\varepsilon_{zx} = \frac{1}{2}\left(\frac{\partial(du_z)}{\partial x} + \frac{\partial(du_x)}{\partial z}\right), \; \dot{\varepsilon}_{zx} = \frac{1}{2}\left(\frac{\partial \dot{u}_z}{\partial x} + \frac{\partial \dot{u}_x}{\partial z}\right) \tag{3.26 f}$$

3.4 降伏条件

3.4.1 応力テンソルの固有方程式と主応力

降伏条件とは，3次元応力状態にある物体の各点が塑性変形状態にあるのか否かを判定するための条件で，応力テンソルの成分 $[\sigma]$ と初期降伏応力 Y をパラメータとしたスカラー関数で表現される．この条件には，1）座標系に依存しないこと，2）体積一定の条件に矛盾しないこと，3）単純な式であり実験結果と合うこと，が要求される．

〔1〕 2次元応力状態の場合

3.2.3項において述べた2次元応力状態について得られる垂直応力の極値はそれぞれ最大および最小主応力と呼ばれている。以下，これらの主応力値を一般化し，S と表示するものとする。主応力面（主応力が作用する面）においてはせん断方向応力成分は0であるから，$\vec{T} = S\vec{n}$ が成り立つ。そのような斜面の方向（角度）$\varPhi$ については，斜面に作用する応力ベクトルの成分 T_x，T_y は以下の式により表されるはずである。なお，以下の式を導く過程で式(3.11)を利用している。

$$\vec{T} : \begin{Bmatrix} T_x \\ T_y \end{Bmatrix} = S \begin{Bmatrix} n_x \\ n_y \end{Bmatrix} = S \begin{Bmatrix} \cos\varPhi \\ \sin\varPhi \end{Bmatrix} = \begin{Bmatrix} \sigma_{xx}\cos\varPhi + \sigma_{xy}\sin\varPhi \\ \sigma_{xy}\cos\varPhi + \sigma_{yy}\sin\varPhi \end{Bmatrix} \quad (3.27)$$

式(3.27)を変形すると，次式が得られる。

$$\begin{bmatrix} \sigma_{xx} - S & \sigma_{xy} \\ \sigma_{xy} & \sigma_{yy} - S \end{bmatrix} \begin{Bmatrix} \cos\varPhi \\ \sin\varPhi \end{Bmatrix} = \begin{bmatrix} \sigma_{xx} - S & \sigma_{xy} \\ \sigma_{xy} & \sigma_{yy} - S \end{bmatrix} \begin{Bmatrix} n_x \\ n_y \end{Bmatrix} = \begin{Bmatrix} 0 \\ 0 \end{Bmatrix} \quad (3.28)$$

なお，ここでは応力テンソルの成分の対称性 $\sigma_{xy} = \sigma_{yx}$ を利用している。式(3.28)が $\varPhi$ について有意な解を持つ条件は，次式で表される。

$$\det\left(\begin{bmatrix} \sigma_{xx} - S & \sigma_{xy} \\ \sigma_{xy} & \sigma_{yy} - S \end{bmatrix} \right) = 0 \quad (3.29)$$

すなわち

$$S^2 - (\sigma_{xx} + \sigma_{yy})S + (\sigma_{xx}\sigma_{yy} - \sigma_{xy}^2) = 0 \quad (3.30)$$

が成立しなければならない。式(3.30)の解は，当然のことながら式(3.15)で表される。

さて，式(3.30)を解くことにより求められる主応力値は，図3.6に示した座標軸 xy の取り方に依存しない。同じ物理現象，すなわち同じ境界条件のもとでの物体内部の応力場を，図**3.13**に示す二つの異なる座標軸より見たとする。すると，物体内部に発生する応力場は左右の図で同じであるから，同じ斜面に作用する応力ベクトルの値は同じでなければならない。ところが，座標軸を含む面に作用する応力ベクトルの成分である $-\sigma_{xx}$，$-\sigma_{xy}$，$-\sigma_{yy}$ の値は，

3. 塑性力学の基礎理論

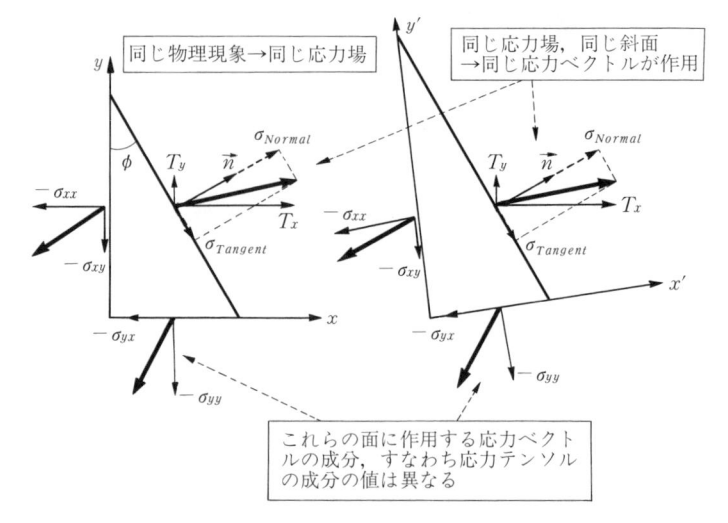

図 3.13 2次元応力場についての応力テンソルの固有方程式

左右の図の座標軸が違うので，異なるはずである．すなわち，同図左の $-\sigma_{xx}$，$-\sigma_{xy}$，$-\sigma_{yy}$ と同図右の $-\sigma_{xx}$，$-\sigma_{xy}$，$-\sigma_{yy}$ の値は異なるはずであるが，左右の図について式 (3.30) を別々に導いたとしても，これらを解くことにより得られる主応力 S の値および主応力面の方向は同じになる．そのためには，式 (3.30) の係数項 $\sigma_{xx} + \sigma_{yy}$，$\sigma_{xx}\sigma_{yy} - \sigma_{xy}^2$ 値は，どのような座標系をとっても同じであること，すなわち，主応力を求めるための式 (3.30) の係数項の値は座標軸の取り方に依存しないことが必要である．

式 (3.30) は2次元問題に対する式であるが，このような主応力を求めるための式を**応力テンソルの固有方程式**と呼び，応力テンソルの固有方程式の係数を，座標軸の取り方に依存しない量であるという意味を込めて，**応力テンソルの不変量**と呼ぶ．

〔2〕 3次元応力状態の場合

2次元応力状態の場合と同様に，3次元応力状態の場合も斜面の向き $\vec{n}$ を適当に選ぶとせん断応力成分が消え，垂直応力だけの状態をつくりだすことができる．コーシーの式 (3.5) において，斜面に作用する応力ベクトルがこの面に垂直であり，せん断方向成分がない場合を考える．この場合，斜面に作用す

3.4 降伏条件

る応力ベクトルの大きさを S とすれば，斜面に作用する応力ベクトルは

$$\begin{Bmatrix} T_x \\ T_y \\ T_z \end{Bmatrix} = S \begin{Bmatrix} n_x \\ n_y \\ n_z \end{Bmatrix} \tag{3.31}$$

と表される．したがってこれをコーシーの式 (3.5) に代入して変形すると，次式が得られる．

$$\begin{bmatrix} \sigma_{xx} & \sigma_{yx} & \sigma_{zx} \\ \sigma_{xy} & \sigma_{yy} & \sigma_{zy} \\ \sigma_{xz} & \sigma_{yz} & \sigma_{zz} \end{bmatrix} \begin{Bmatrix} n_x \\ n_y \\ n_z \end{Bmatrix} - S \begin{Bmatrix} n_x \\ n_y \\ n_z \end{Bmatrix} = \begin{Bmatrix} 0 \\ 0 \\ 0 \end{Bmatrix} \tag{3.32}$$

この式を変形すると，次式 (3.33) が得られる．

$$\begin{bmatrix} \sigma_{xx} - S & \sigma_{yx} & \sigma_{zx} \\ \sigma_{xy} & \sigma_{yy} - S & \sigma_{zy} \\ \sigma_{xz} & \sigma_{yz} & \sigma_{zz} - S \end{bmatrix} \begin{Bmatrix} n_x \\ n_y \\ n_z \end{Bmatrix} = \begin{Bmatrix} 0 \\ 0 \\ 0 \end{Bmatrix} \tag{3.33}$$

この式が $\vec{n}$ の成分について有意な解を得るための条件は，係数行列式 $= 0$ である．すなわち，次式が成立しなければならない．

$$S^3 - I_1 S^2 + I_2 S - I_3 = 0$$

$$I_1 = \sigma_{xx} + \sigma_{yy} + \sigma_{zz}$$

$$I_2 = \sigma_{xx}\sigma_{yy} + \sigma_{yy}\sigma_{zz} + \sigma_{zz}\sigma_{xx} - \sigma_{xy}\sigma_{yx} - \sigma_{yz}\sigma_{zy} - \sigma_{zx}\sigma_{xz} = -\frac{1}{2}\sum_i\sum_j \sigma_{ij}\sigma_{ij}$$

$$I_3 = \sigma_{xx}\sigma_{yy}\sigma_{zz} + \sigma_{xy}\sigma_{yz}\sigma_{zx} + \sigma_{xz}\sigma_{yx}\sigma_{zy}$$

$$\quad - \sigma_{xx}\sigma_{yz}\sigma_{zy} - \sigma_{yy}\sigma_{zx}\sigma_{xz} - \sigma_{zz}\sigma_{xy}\sigma_{yx} \tag{3.34}$$

式 (3.34) は応力テンソルの固有方程式である．この式は S について三つの実根を有する．このような応力を**主応力**と呼び，値が大きい順に第 1 主応力 σ_1，第 2 主応力 σ_2，第 3 主応力 σ_3 と表示する．また，主応力が作用する面が**主応力面**であり，主応力面の方向を**主軸**と呼ぶ．三つの主応力面はたがいに直交しているのでこの三つの主応力軸を座標軸とすることも可能であり，塑性加工の解析においてしばしばこのような取扱いが行われる．なお，I_1, I_2, I_3 は座標軸のとり方に関係なく値が決まる量なので，応力テンソルの**第 1 不変量**，第

2 不変量,第 3 不変量と呼ばれる。

また,せん断応力の極値を**主せん断応力**と呼ぶ。これは,3.2.3 項にて述べた 2 次元問題と同様に主応力差の 1/2 で表される。

3.4.2 平均垂直応力,八面体応力と偏差応力テンソル

三つの主応力軸を座標軸とする座標系を考える。この場合,コーシーの式 (3.5) を運用するに当たり,せん断応力成分がすべて 0 であると考えればよい。図 3.3 の斜面の方向 $\vec{n}$ が特に $(1/\sqrt{3}, 1/\sqrt{3}, 1/\sqrt{3})$ である場合,すなわち斜面が**図 3.14** に示す 8 面体面である場合,この面に作用する応力ベクトルの垂直方向成分 σ^{oct} およびせん断方向成分 τ^{oct} は,式 (3.5) をもとに次式により与えられる。

$$\sigma^{oct} = \frac{1}{3}(\sigma_1 + \sigma_2 + \sigma_3) \qquad (3.35\,\text{a})$$

$$\tau^{oct} = \frac{1}{3}\sqrt{(\sigma_1 - \sigma_2)^2 + (\sigma_2 - \sigma_3)^2 + (\sigma_3 - \sigma_1)^2} \qquad (3.35\,\text{b})$$

σ^{oct} は八面体垂直応力,τ^{oct} は八面体せん断応力と呼ばれる。σ^{oct} は主応力の平均値であり,さらに応力の第 1 不変量 $I_1 = \sigma_{xx} + \sigma_{yy} + \sigma_{zz}$ の 1/3 に等しい(これは,式 (3.34) についての根と係数との関係より証明される)。そこで,σ^{oct} を平均垂直応力または静水圧応力 σ_m と呼ぶ。

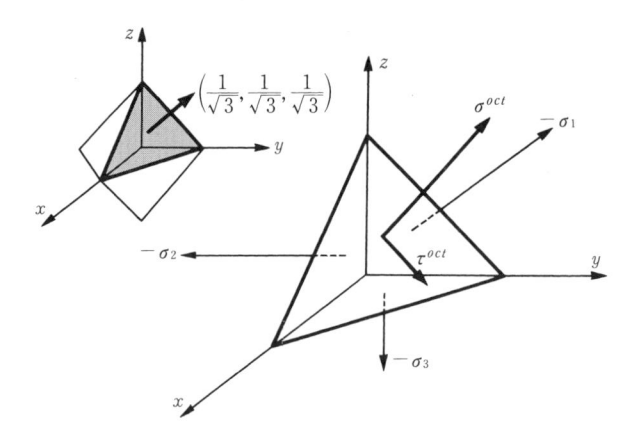

図 3.14 八面体応力

3.4 降伏条件

平均垂直応力は物体を圧力 $p(=\sigma^{oct})$ の水中に入れたときに発生する応力状態と同じであり，この場合の応力は各方向に均等に作用し，対応して金属材料に生じる変形は体積変化のみであると考えられる．例えば弾性体については，静水圧応力 σ_m と体積ひずみとの間に，以下の関係式が成立しており，静水圧応力 σ_m と体積ひずみが1：1に対応している．

$$\frac{\sigma_m}{\varepsilon_{xx}+\varepsilon_{yy}+\varepsilon_{zz}} = \frac{2}{3}\frac{1+\nu}{1-2\nu}G \tag{3.35 c}$$

ところが，塑性変形に伴う体積変化は無視できるので，金属材料の塑性変形には，このような意味を持つ平均垂直応力（静水圧応力）σ_m は寄与しないものと考えられる．そこで，式 (3.36) のように応力テンソルの成分からこの平均垂直応力を引いた成分が塑性変形に寄与する応力であると考え，このような応力を次式にて定義する．

$$\begin{bmatrix} \sigma'_{xx} & \sigma'_{yx} & \sigma'_{zx} \\ \sigma'_{xy} & \sigma'_{yy} & \sigma'_{zy} \\ \sigma'_{xz} & \sigma'_{yz} & \sigma'_{zz} \end{bmatrix} = \begin{bmatrix} \sigma_{xx}-\sigma_m & \sigma_{yx} & \sigma_{zx} \\ \sigma_{xy} & \sigma_{yy}-\sigma_m & \sigma_{zy} \\ \sigma_{xz} & \sigma_{yz} & \sigma_{zz}-\sigma_m \end{bmatrix} \tag{3.36}$$

上式にて表される応力 $[\sigma']$ を特に**偏差応力**と呼ぶ．この偏差応力の主軸は応

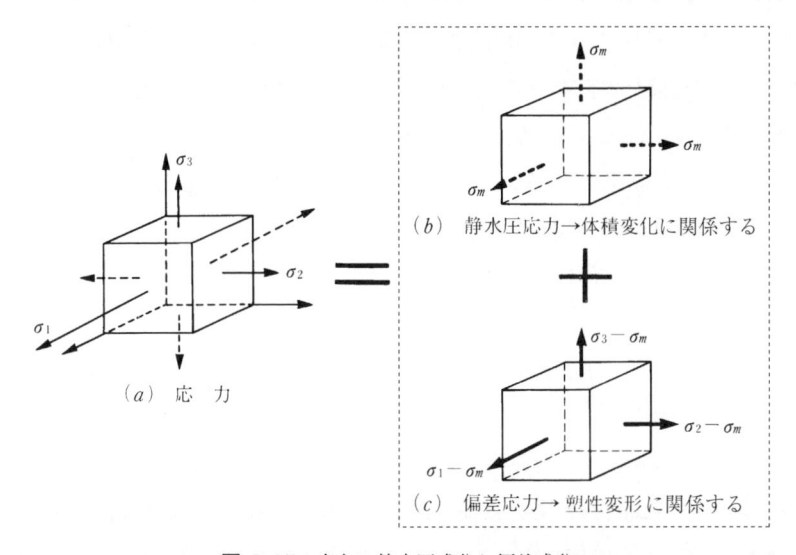

図 **3.15** 応力の静水圧成分と偏差成分

力の主軸と同じ方向を向いており,後述するように金属材料の降伏条件および応力とひずみの関係を考える上で重要な役割を果たす。なお,式 (3.36) の関係を,主応力を用いつつ図で示すと,**図 3.15** のようになる。なお,今後は応力テンソルの対称性 $\sigma_{xy} = \sigma_{yx}$, $\sigma_{yz} = \sigma_{zy}$, $\sigma_{zx} = \sigma_{xz}$ を利用して説明を進める。

3.4.3 金属材料の降伏条件とその具体的な表示

2 章で述べたように,単軸引張りにおいては引張応力が降伏応力に達すると塑性変形が開始する。しかしこの試験片にさらにねじり応力を付加し,**図 3.16** のような組合せ応力状態になったときに,どのような応力状態で金属材料が降伏するのかを判定するのは容易ではない。

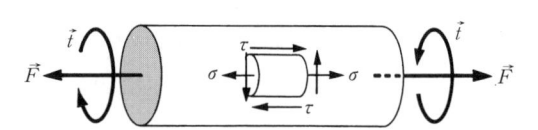

図 3.16 引張りとねじりを受ける丸棒の変形

このような組合せ応力状態,またはより一般的な 3 次元応力状態において金属材料が降伏する応力状態を判別する条件を**降伏条件**と呼ぶ。したがってこの降伏条件は,塑性変形の開始を判別するために重要であり,さらにその後の塑性変形の際の応力-ひずみ関係式を 3 次元応力状態のもとで導き出すためにも重要な役割を果たす。本項では,降伏条件として用いられるべきスカラー関数が備えるべき条件より話を始め,現在広く用いられているトレスカの降伏条件とミーゼスの降伏条件を紹介し,さらにこれらの違いを論じる。

〔1〕 降伏条件の一般的な表示

金属材料の降伏条件は金属材料の有する特性の一つであって,あるスカラー関数により表される。このようなスカラー関数により表される金属材料の特性を数学的に記述する場合,例えば応力ベクトル,応力テンソルを記述するために導入した座標軸もしくは座標系に無関係に定まるスカラー関数を用いないと,導入した座標系ごとにまちまちな関数を設定しなければならないため,金属材料の性質を論じるためには都合が悪い。例えば図 3.16 の場合,引張り軸方向を x, y, z どの座標系にとるのかは任意に定めることができるが,どのよ

うな場合でも応力テンソルの成分についての同一のスカラー関数により降伏条件が記述されていなければならない。

式 (3.34) で述べた応力テンソルの固有方程式の係数である I_1, I_2, I_3 は，座標軸のとり方に関係なく値が決まる量であり，応力テンソルの第1不変量，第2不変量，第3不変量と呼ばれていた。さらに，この固有方程式の解である第1主応力 σ_1，第2主応力 σ_2，第3主応力 σ_3 も座標系のとり方に関係なく値が決まる。したがってこれら6個の値を用いて降伏条件は記述されるべきである。さらに，これら6個の値のうち主応力は応力テンソルの不変量に従属しており（逆もまた正しい），したがって降伏条件の一般的な表示は，応力テンソルの固有方程式の係数である I_1, I_2, I_3 と，材料の持つ特性を表すパラメータ C を用いて以下のとおり行われなければならない。

$$f(I_1, I_2, I_3, C) = 0 \tag{3.37}$$

さらに金属材料の塑性変形に伴う体積変化は微小であるため（式(2.11)参照），金属材料の降伏条件には静水圧応力 σ_m は無関係である。したがって，応力テンソルの成分より静水圧応力を除いた偏差応力テンソルの不変量により降伏条件が表されなければならない。ゆえに降伏条件の一般的な表示は，偏差応力テンソルの不変量を用いた以下の式により表される。

$$f(I_2', I_3', C) = 0 \tag{3.38}$$

$$I_2' = \frac{1}{2}\left(\sigma'^2_{xx} + \sigma'^2_{yy} + \sigma'^2_{zz} + 2\sigma'^2_{xy} + 2\sigma'^2_{yz} + 2\sigma'^2_{zx}\right)$$

$$I_3' = \frac{1}{3}\sum_{i=1}^{3}\sum_{j=1}^{3}\sum_{k=1}^{3}\sigma'_{ij}\sigma'_{jk}\sigma'_{ki}$$

式 (3.38) の具体的な形は，金属材料の降伏を的確に表現でき，さらに数学的に複雑になりすぎない関数系より選択される。

〔2〕 トレスカの降伏条件

トレスカ (Tresca) によって提案された降伏条件は，「金属材料内部に発生する三つの主せん断応力のうち絶対値が最大となる主せん断応力が材料の特性より定まるある値に達したとき降伏が開始する」という考え方で，次式により

表される．

$$\tau_{\max} = \frac{\sigma_1 - \sigma_3}{2} = C_T \tag{3.39}$$

C_T はトレスカの定数であり，材料のせん断降伏応力 k に等しい．すなわち，ねじり試験により求めたせん断降伏応力 k の値と材料内部の応力状態が式 (3.39) を満足する場合，材料が降伏すると判定すればよい．なお，式 (3.39) は主応力にて表示されているが，むろんこれを偏差応力テンソルの第 2，第 3 不変量 I_2'，I_3' で表示することができる．ただしトレスカの降伏条件の場合には式が複雑になりすぎるので，式 (3.39) の主応力表示のほうが都合がよい．

〔**3**〕 **ミーゼスの降伏条件**

ミーゼス (von Mises) の降伏条件は，「材料に蓄えられる弾性せん断ひずみエネルギーがある限界値に達したときに材料が降伏する」という考え方で，次式により表される．

$$I_2' - C_M{}^2 = \frac{1}{2}\left(\sigma'_{xx}{}^2 + \sigma'_{yy}{}^2 + \sigma'_{zz}{}^2 + 2\sigma'_{xy}{}^2 + 2\sigma'_{yz}{}^2 + 2\sigma'_{zx}{}^2\right) - C_M{}^2$$
$$= 0 \tag{3.40}$$

C_M はミーゼスの定数である．なお，ミーゼスの降伏条件には偏差応力テンソルの第 2 不変量 I_2' のみが用いられている．この偏差応力の第 2 不変量は，応力テンソルの成分および主応力を用いることにより以下のとおり書き換えることができる．

$$\begin{aligned}I_2' &= \frac{1}{6}\{(\sigma_{xx} - \sigma_{yy})^2 + (\sigma_{yy} - \sigma_{zz})^2 + (\sigma_{zz} - \sigma_{xx})^2 \\ &\quad + 6(\sigma_{xy}{}^2 + \sigma_{yz}{}^2 + \sigma_{zx}{}^2)\} \\ &= \frac{1}{6}\{(\sigma_1 - \sigma_2)^2 + (\sigma_2 - \sigma_3)^2 + (\sigma_3 - \sigma_1)^2\} = C_M{}^2\end{aligned} \tag{3.41}$$

塑性変形時の弾性せん断ひずみエネルギーを W_S，全ひずみエネルギーを W，体積ひずみエネルギーを W_V，主ひずみを $\varepsilon_1, \varepsilon_2, \varepsilon_3$，ヤング率・せん断弾性係数・ポアソン比をそれぞれ E, G, ν とすれば

$$W_S = W - W_V \tag{3.42 a}$$

$$W = \frac{1}{2}(\sigma_1\varepsilon_1 + \sigma_2\varepsilon_2 + \sigma_3\varepsilon_3)$$

$$= \frac{1}{2E}\{\sigma_1{}^2 + \sigma_2{}^2 + \sigma_3{}^2 - 2\nu(\sigma_1\sigma_2 + \sigma_2\sigma_3 + \sigma_3\sigma_1)\} \quad (3.42\text{ b})$$

$$W_V = \frac{1}{6}\sigma_m(\varepsilon_1 + \varepsilon_2 + \varepsilon_3) = \frac{1-2\nu}{6E}(\sigma_1 + \sigma_2 + \sigma_3)^2 \quad (3.42\text{ c})$$

式 (3.42 b), (3.42 c) を式 (3.42 a) に代入し, $E = 2G(1+\nu)$ なる関係を利用すると, 弾性せん断ひずみエネルギーは次式により与えられる.

$$W_S = \frac{1}{12G}\{(\sigma_1-\sigma_2)^2 + (\sigma_2-\sigma_3)^2 + (\sigma_3-\sigma_1)^2\} \quad (3.43)$$

したがって, ミーゼスの降伏条件は, 弾性せん断ひずみエネルギー W_S が

$$2GW_S - C_M{}^2 = 0 \quad (3.44)$$

の条件を満足したときに降伏することを意味している.

さらに, 式 (3.35 b) にて表されている八面体せん断応力 τ^{oct} を用いてミーゼスの降伏条件式 (3.41) を書き直すと, 次式が得られる.

$$\frac{9}{6}(\tau^{oct})^2 - C_M{}^2 = 0 \quad (3.45)$$

したがってミーゼスの降伏条件は,「主応力方向を 3 軸とする空間において 8 面体面に作用するせん断応力がある値になったときに降伏する」という解釈もでき, それゆえこの降伏条件は, 八面体せん断応力説とも呼ばれる.

3.4.4 各種応力状態におけるトレスカとミーゼスの降伏条件
〔1〕 単軸引張応力状態

以後, 引張降伏応力を Y とする. 引張応力を σ とすれば, 単軸応力状態における応力状態は, $\sigma_1 = \sigma$ (引張応力), $\sigma_2 = \sigma_3 = 0$ である.

トレスカの降伏条件は, 次式により表される.

$$\tau_{\max} = \frac{\sigma_1}{2} = C_T \text{ すなわち } C_T = \frac{\sigma}{2} = \frac{Y}{2} = k \quad (3.46)$$

すなわちトレスカの定数はせん断降伏応力 k に等しく, さらに引張降伏応力 Y の 1/2 に等しい.

単軸引張応力状態下におけるミーゼスの降伏条件は，式 (3.41) に $\sigma_1 = \sigma$ (引張応力)，$\sigma_2 = \sigma_3 = 0$ を代入すると $I_2' = \sigma^2/3$ である．したがって引張応力が引張降伏応力に等しい場合，すなわち $\sigma = Y$ の場合を考えると，ミーゼスの定数 C_M は次式にて表される．

$$C_M = \frac{\sigma}{\sqrt{3}} = \frac{Y}{\sqrt{3}} \tag{3.47}$$

〔**2**〕 **純粋せん断応力状態**

例えば図 **3.17** のように薄肉管を単純にねじる場合には，管の肉厚方向の応力は無視でき，管の周方向に $\tau = k$ なるせん断降伏応力のみが作用した状態をつくり出すことができる．トレスカの降伏条件では，引張降伏応力 Y はせん断降伏応力 k の 2 倍に等しい．この場合の応力状態は $\sigma_1 = -\sigma_3 = k, \sigma_2 = 0$ と表されるので，ミーゼスの降伏条件に代入すると $I_2' = \sigma_1^2 = k^2 = C_M^2$ と表される．ミーゼスの定数 C_M は式 (3.47) より引張降伏応力 Y の $\sqrt{3}$ 倍であることがわかっているので，ミーゼスの降伏条件では，引張降伏応力とせん断降伏応力との間に次式の関係があることがわかる．

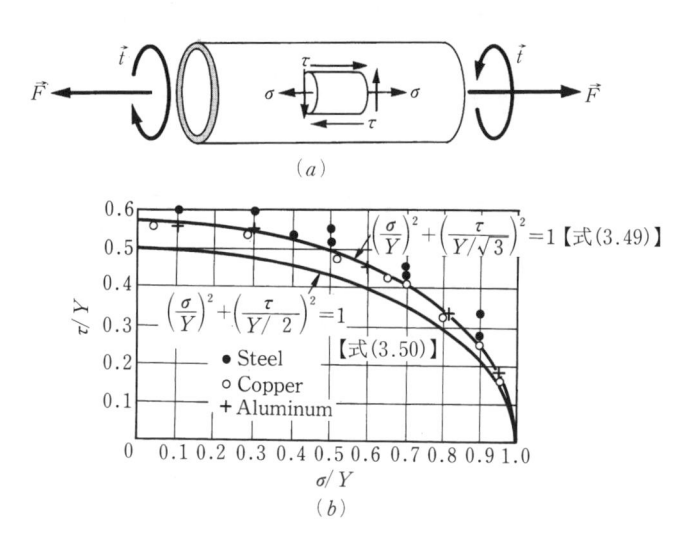

図 **3.17** 引張り-ねじり試験による降伏曲面の評価
(Taylor, G. I. & Quinney, H.：Trans. Roy. Soc. Sor. A, 230(1931), 323〜362.)

$$C_M = \frac{Y}{\sqrt{3}} = k \tag{3.48}$$

したがって，式 (3.48) を (3.46) と比較すると，トレスカの降伏条件とミーゼスの降伏条件では，引張降伏応力とせん断降伏応力との関係に違いがあることがわかる．すなわちミーゼスの降伏条件では，引張降伏応力はせん断降伏応力の $\sqrt{3}$ 倍であるが，トレスカの降伏条件では 2 倍となる．

〔3〕 薄肉管の引張り-ねじり試験によるそれぞれの降伏条件の妥当性の検討

前項にて述べた引張降伏応力とせん断降伏応力との差を利用して，トレスカの降伏条件とミーゼスの降伏条件が，現実の金属材料の挙動により近いかを実験した結果を図 3.17(b) に示す．これは引張り-ねじり試験の結果得られており，このような応力状態は引張方向を x とすれば，$\sigma_{xx} = \sigma$, $\sigma_{xy} = \sigma_{yx} = \tau$ と考えられ，さらに引張降伏応力 Y がトレスカとミーゼスの条件で等しいものとする．この応力状態をミーゼスの降伏条件式 (3.40)，(3.41) に代入すると，次式が得られる．

$$\sigma^2 + 3\tau^2 = Y^2 \tag{3.49}$$

モールの応力円 (図 3.8) を用いると，式 (3.15) より中心は $(\sigma/2, 0)$，応力円の半径 R は

$$R = \sqrt{\left(\sigma - \frac{\sigma}{2}\right)^2 + \tau^2} = \sqrt{\frac{\sigma^2}{4} + \tau^2}$$

である．主応力差 $2R$ は式 (3.39)，(3.46) より $2R = 2C_T = Y$ であるので，トレスカの降伏条件については次式が成り立つ．

$$\sigma^2 + 4\tau^2 = Y^2 \tag{3.50}$$

図 3.17 に，式 (3.49)，(3.50) により与えられる曲線をあわせて示す．

〔4〕 平面応力状態および平面ひずみ状態における降伏曲面

ミーゼスの降伏条件を主応力にて表すと，次式が得られる．

$$(\sigma_1 - \sigma_2)^2 + (\sigma_2 - \sigma_3)^2 + (\sigma_3 - \sigma_1)^2 = 6C_M^2 \tag{3.51}$$

図 3.18 は，本降伏条件を π 平面（$\sigma_1 + \sigma_2 + \sigma_3 =$ 一定である平面）に表示したもので，ミーゼスの降伏条件は π 平面上では円となる（これをミーゼ

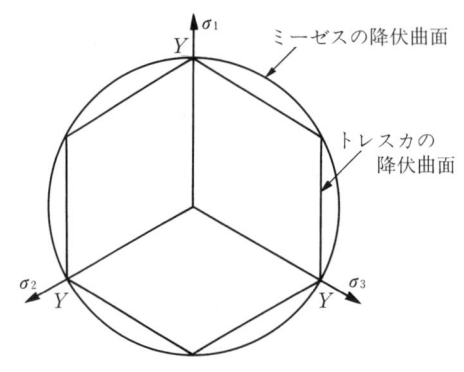

図 3.18 π平面上でのトレスカの降伏曲面とミーゼスの降伏曲面

スの降伏曲面と呼ぶ）。トレスカの降伏条件は，同図中に示したとおり，π平面上ではミーゼスの降伏曲面に内接する6角形を構成する。

平面応力問題では第2主応力 $\sigma_2 = 0$ であるので，ミーゼスの降伏条件は以下のとおり表される。

$$\sigma_1^2 - \sigma_1\sigma_3 + \sigma_3^2 = 3C_M^2 \tag{3.52}$$

図 3.19 に，平面応力状態に対するミーゼスの降伏条件を，トレスカの降伏条件とあわせて示す。トレスカの降伏条件では，3個の主応力の大小関係により六つの場合があり，それぞれの場合に対応した直線を結んだ6角形により降伏曲面が与えられる。

平面ひずみ問題については，塑性変形が生じない方向の偏差応力は，後述するロイスの式 (3.61) よりゼロである。この方向を z 方向とすれば，$d\varepsilon_{zz}^p = 0$

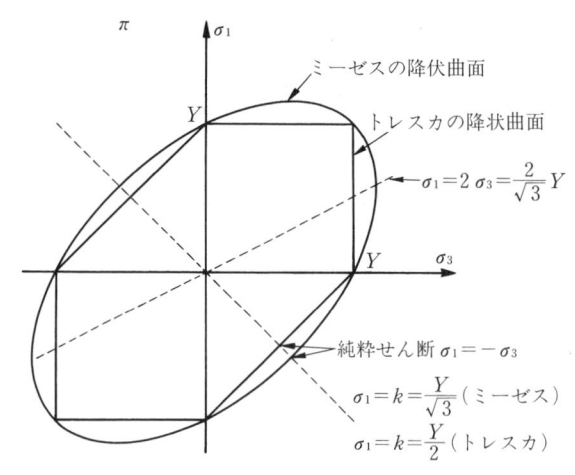

図 3.19 平面応力問題に対するトレスカの降伏曲面とミーゼスの降伏曲面

であるから

$$\sigma'_{zz} = \sigma_{zz} - \frac{1}{3}(\sigma_{xx} + \sigma_{yy} + \sigma_{zz}) = 0$$

これをミーゼスの降伏条件（式 (3.40), (3.41)）に代入すると次式が得られる。

$$(\sigma_{xx} - \sigma_{yy})^2 + 4\sigma_{xx}^2 = 4C_M^2 \tag{3.53}$$

平面ひずみ問題に対するトレスカの降伏条件は，式 (3.15), (3.39) より以下のとおり表される。

$$(\sigma_{xx} - \sigma_{yy})^2 + 4\sigma_{xy}^2 = 4C_T^2 \tag{3.54}$$

ミーゼスの定数 C_M は単軸（引張）応力状態での応力 σ から決まり，トレスカの定数 C_T はせん断降伏応力 k から定まる。$C_M = C_T = k$ なので，せん断降伏応力 k で書けば式 (3.53) と式 (3.54) は一致する。すでに述べたとおり，単軸応力状態での降伏応力 Y とせん断降伏応力 k との関係はそれぞれの降伏条件で異なっている（式 (3.46), (3.48) 参照）ので，単軸応力状態での降伏応力 Y で書くと，それぞれの降伏条件は異なる。

3.5　応力とひずみとの関係（構成式）

本節では，3次元応力状態下にある金属材料が，塑性変形時に満足すべき応力‐ひずみ関係式について説明する。

3.5.1　塑性変形状態にある応力状態が満足すべき条件

前項においては，組合せ応力下，特に3次元応力状態にある金属材料が降伏するかどうかの判定条件として用いるべき条件式，すなわち降伏条件について説明した。この降伏条件は，加工硬化を受けつつ塑性変形状態にある3次元応力状態が満足すべき条件式としても用いることができる。

図 2.2 (b) の引張試験を例にとると，弾性限界点 A を越える応力が作用した場合，材料は降伏し塑性変形が開始する。この時点での応力が引張降伏応力 Y であり，前項までの説明は3次元応力状態下での点 A の判別に主眼が置か

れていた．すなわち，降伏条件の一般的な表示である式 (3.38) に含まれる変数 C は点 A での引張降伏応力 Y を用いて，トレスカの降伏条件では式 (3.46) で，ミーゼスの降伏条件では式 (3.47) で与えられていた．

点 A を越えて塑性変形を受ける金属材料の降伏応力は，加工硬化の影響により徐々に増加する．点 A を越えて加工硬化を受けつつ塑性変形が進行し，かつ 3 次元応力状態下にある応力-ひずみ関係式を求めるために，まず点 A より点 F に至るまでの 3 次元応力状態が満足すべき関係式を求めなければならない．そのためには，単に降伏条件式 (3.38) 中の変数 C を図 2.2(b) の横軸の真ひずみ（対数ひずみ）に相当する量の関数として定義すればよく，式 (3.38) 以後の関係式はそのまま用いることができる．ただし，3 次元応力状態下で変数 C を真ひずみ（対数ひずみ）に相当する量の関数として定義するためには，同図(b) 縦軸の単軸引張応力に相当する量と，横軸の真ひずみに相当する量を新たに導入する必要がある．これが，次項にて述べる相当応力と相当ひずみである．なお，以後はミーゼスの降伏条件を満足する金属材料に限定して話を進める．

3.5.2 相当応力と相当ひずみ

式 (3.47) において，単軸引張応力状態下にある降伏応力 Y とミーゼスの定数 C_M との関係が与えられていた．そこで，この降伏応力 Y を，点 A を越えて加工硬化を受けつつ塑性変形する金属材料の単軸降伏応力に置き換え，$\bar{\sigma}$ と表示し

$$\bar{\sigma}^2 = 3C_M{}^2 = 3I_2' \tag{3.55}$$

$$= \frac{3}{2}\left(\sigma'_{xx}{}^2 + \sigma'_{yy}{}^2 + \sigma'_{zz}{}^2 + 2\sigma'_{xy}{}^2 + 2\sigma'_{yz}{}^2 + 2\sigma'_{zx}{}^2\right)$$

$$= \frac{1}{2}\{(\sigma_{xx} - \sigma_{yy})^2 + (\sigma_{yy} - \sigma_{zz})^2 + (\sigma_{zz} - \sigma_{xx})^2$$
$$+ 6(\sigma_{xy}{}^2 + \sigma_{yz}{}^2 + \sigma_{zx}{}^2)\}$$

$$= \frac{1}{2}\{(\sigma_1 - \sigma_2)^2 + (\sigma_2 - \sigma_3)^2 + (\sigma_3 - \sigma_1)^2\}$$

により，加工硬化状態にある3次元応力状態下でのミーゼスの降伏条件を表すことができる。$\bar{\sigma}$ は**相当応力**と呼ばれ，加工硬化の度合いすなわち図 2.2(b) 横軸に相当する量をパラメータとして含む。少なくとも $\bar{\sigma}$ はひずみに相当するパラメータ $\bar{\varepsilon}$ の関数であり，さらに，2.4.2項にて述べた流動応力の総合式 (2.22) により表されているとおり，ひずみ速度および温度の関数でもある。なお，2章にて述べた流動応力は単軸試験によって得られた材料特性であるが，多軸応力状態について式 (3.55) で定義された相当応力 $\bar{\sigma}$ に対応している。

単軸引張試験の結果（図 2.2(b)）の横軸に相当する量が相当ひずみ $\bar{\varepsilon}$ であり，これは以下のとおりに導かれる。まず，式 (2.4) より明らかなとおり，この量は公称ひずみではなく真ひずみに相当する量として定義されなければならない。そこでまず，式 (3.26) により導かれたひずみ増分テンソルの成分を用い，以下の式を用いて3次元変形状態を単軸引張状態下でのひずみ増分に換算する。

$$d\bar{\varepsilon}^2 = \frac{2}{9}\{(d\varepsilon_{xx} - d\varepsilon_{yy})^2 + (d\varepsilon_{yy} - d\varepsilon_{zz})^2 + (d\varepsilon_{zz} - d\varepsilon_{xx})^2$$
$$+ 6(d\varepsilon_{xy}^2 + d\varepsilon_{yz}^2 + d\varepsilon_{zx}^2)\}$$
$$= \frac{2}{3}(d\varepsilon_{xx}^2 + d\varepsilon_{yy}^2 + d\varepsilon_{zz}^2 + 2d\varepsilon_{xy}^2 + 2d\varepsilon_{yz}^2 + 2d\varepsilon_{zx}^2) \quad (3.56)$$

$d\bar{\varepsilon}$ は**相当ひずみ増分**と呼ばれている。式 (3.55) との比較より，これはひずみ増分テンソル $[d\varepsilon]$ の第2不変量に対応しており，右辺の係数は単軸引張り・圧縮状態を想定した場合に引張り・圧縮方向のひずみ増分と相当ひずみ増分とが一致するように定められている。式 (3.56) を増分時間 dt で除することにより，相当ひずみ速度 $\dot{\bar{\varepsilon}}$ が得られる。

$$\dot{\bar{\varepsilon}}^2 = \frac{2}{9}\{(\dot{\varepsilon}_{xx} - \dot{\varepsilon}_{yy})^2 + (\dot{\varepsilon}_{yy} - \dot{\varepsilon}_{zz})^2 + (\dot{\varepsilon}_{zz} - \dot{\varepsilon}_{xx})^2$$
$$+ 6(\dot{\varepsilon}_{xy}^2 + \dot{\varepsilon}_{yz}^2 + \dot{\varepsilon}_{zx}^2)\}$$
$$= \frac{2}{3}(\dot{\varepsilon}_{xx}^2 + \dot{\varepsilon}_{yy}^2 + \dot{\varepsilon}_{zz}^2 + 2\dot{\varepsilon}_{xy}^2 + 2\dot{\varepsilon}_{yz}^2 + 2\dot{\varepsilon}_{zx}^2) \quad (3.57)$$

式 (2.4) と同じ考え方により，相当ひずみ $\bar{\varepsilon}$ は，相当ひずみ増分 $d\bar{\varepsilon}$ もし

くは相当ひずみ速度 $\dot{\bar{\varepsilon}}$ を積分することにより求めることができる。

$$\bar{\varepsilon} = \int d\bar{\varepsilon} = \int \dot{\bar{\varepsilon}} dt \tag{3.58}$$

以上のように求めた相当ひずみと相当応力との間の関係式として，引張試験あるいは圧縮試験により得られる式 (2.22) または志田の式などの実験式を用いればよい。

3.5.3 弾性域における応力とひずみとの関係

現在説明している塑性変形時の応力-ひずみ関係式とははずれるが，弾性変形域での応力-ひずみ関係式について以下に記す。

(1) 単軸引張り/圧縮変形の場合

$$\varepsilon = \frac{\sigma}{E} \tag{3.59}$$

(2) 3次元変形の場合

$$\begin{aligned}
\varepsilon_{xx} &= \frac{1}{E}\{\sigma_{xx} - \nu(\sigma_{yy} + \sigma_{zz})\}, \varepsilon_{xy} = \frac{1}{2G}\sigma_{xy} \\
\varepsilon_{yy} &= \frac{1}{E}\{\sigma_{yy} - \nu(\sigma_{zz} + \sigma_{xx})\}, \varepsilon_{yz} = \frac{1}{2G}\sigma_{yz} \\
\varepsilon_{zz} &= \frac{1}{E}\{\sigma_{zz} - \nu(\sigma_{xx} + \sigma_{yy})\}, \varepsilon_{zx} = \frac{1}{2G}\sigma_{zx}
\end{aligned} \tag{3.60}$$

3.5.4 塑性域における応力とひずみとの関係

塑性域における応力とひずみの関係を表す理論は2通りあって，一つはひずみ増分理論であり，もう一つは全ひずみ理論である。前者は塑性ひずみ増分と応力および応力増分とを関係付ける理論，後者は塑性全ひずみと応力とを関係付ける理論である。

〔1〕 ひずみ増分理論

塑性変形は大変形であり，時々刻々でのひずみ増分が定義できる。ひずみおよび変形は，この増分値を積分することで正しい値を得ることができる。ある時刻 t における材料内の点 (x, y, z) の応力 $[\sigma]$ が微小時間 dt の後に

$$[d\sigma] = \begin{bmatrix} d\sigma_{xx} & d\sigma_{yx} & d\sigma_{zx} \\ d\sigma_{xy} & d\sigma_{yy} & d\sigma_{zy} \\ d\sigma_{xz} & d\sigma_{yz} & d\sigma_{zz} \end{bmatrix}$$

だけ変化したとする．この応力の微小変化を**応力増分**という．同様にひずみ $[\varepsilon]$ の微小変化を**ひずみ増分**と呼ぶ．したがって，変形途中のある時刻のひずみ増分は，その時刻の応力（剛塑性解析の場合）もしくは応力増分（弾塑性解析の場合）によって求められ，ひずみ増分をひずみ経路に沿って順次に積分すれば最終状態での全ひずみを求めることができる．このため，この理論を用いると，応力・ひずみは最初と最後の変形状態から決まるのではなく，途中の変形経路を考慮することができるので，塑性加工のような大きな塑性変形の問題に適用できる．

まずひずみ増分は，以下の例のとおり弾塑性分解できる．

$$d\varepsilon_{xx} = d\varepsilon_{xx}{}^e + d\varepsilon_{xx}{}^p, d\varepsilon_{xy} = d\varepsilon_{xy}{}^e + d\varepsilon_{xy}{}^p$$

つまり，ひずみ増分はその弾性分と塑性分との総和である．ロイス (Reuss) は，「塑性変形が進行している各段階において，塑性ひずみ増分の主軸がそのときの応力の主軸と一致し，かつ偏差応力およびせん断応力に比例する」という仮定を提案した．これは「時々刻々変化するひずみ増分は，その時刻での偏差応力に比例する」と仮定していることにほかならない．したがって，この仮定のもとでは，塑性ひずみ増分と偏差応力の間には，式 (3.61) が成立していることを意味している．

$$\frac{d\varepsilon_{xx}{}^p}{\sigma'_{xx}} = \frac{d\varepsilon_{yy}{}^p}{\sigma'_{yy}} = \frac{d\varepsilon_{zz}{}^p}{\sigma'_{zz}} = \frac{d\varepsilon_{xy}{}^p}{\sigma'_{xy}} = \frac{d\varepsilon_{yz}{}^p}{\sigma'_{yz}} = \frac{d\varepsilon_{zx}{}^p}{\sigma'_{zx}} = d\lambda \qquad (3.61)$$

ここで $d\lambda$ は各時刻 t，各変形段階における正の比例定数であり，その値は変形段階に応じて変わる．式 (3.61) 中のひずみ増分に付加された添え字 p は，塑性ひずみ増分を特に区別するために導入されたもので，塑性変形が弾性変形に比較して大きい場合には，塑性ひずみ増分は式 (3.26) により与えられるひずみ増分と等しいと考えてかまわない．以後，塑性変形が弾性変形より大きい場合を考える．式 (3.61) を主応力および主ひずみ増分を用いて表示すると式

(3.62) が得られる。なお主ひずみ増分は，ひずみ増分テンソルの固有方程式（式 (3.34) 参照）の解である。

$$\frac{d\varepsilon_1}{\sigma_1 - \sigma_m} = \frac{d\varepsilon_2}{\sigma_2 - \sigma_m} = \frac{d\varepsilon_3}{\sigma_3 - \sigma_m} = d\lambda \tag{3.62}$$

比例係数 $d\lambda$ は以下のとおりに定まる。まず，塑性変形により単位時間・単位体積当りに消費されるエネルギー dW は，応力テンソルの対称性を考えると，以下の式により与えられる。

$$\begin{aligned} dW = & \sigma'_{xx}d\varepsilon_{xx} + \sigma'_{yy}d\varepsilon_{yy} + \sigma'_{zz}d\varepsilon_{zz} \\ & + 2\sigma'_{xy}d\varepsilon_{xy} + 2\sigma'_{yz}d\varepsilon_{yz} + 2\sigma'_{zx}d\varepsilon_{zx} \end{aligned} \tag{3.63}$$

式 (3.61) を代入してひずみ増分を消去し，式 (3.55) を考慮すると次式が得られる。

$$\begin{aligned} dW = & (\sigma'_{xx}\sigma'_{xx} + \sigma'_{yy}\sigma'_{yy} + \sigma'_{zz}\sigma'_{zz} + 2\sigma'_{xy}\sigma'_{xy} \\ & + 2\sigma'_{yz}\sigma'_{yz} + 2\sigma'_{zx}\sigma'_{zx})d\lambda \\ = & \frac{2}{3}\bar{\sigma}^2 d\lambda \end{aligned} \tag{3.64}$$

また，相当応力と相当ひずみ増分により

$$dW = \bar{\sigma}d\bar{\varepsilon} \tag{3.65}$$

したがって，式 (3.64)，(3.65) より

$$d\lambda = \frac{3d\bar{\varepsilon}}{2\bar{\sigma}} \tag{3.66}$$

となり，比例係数 $d\lambda$ がその時点での相当応力および相当ひずみ増分により表されることがわかる。そこで，式 (3.66) を式 (3.61) に代入することにより，**レビー・ミーゼスの流動則**が得られる。

$$\begin{aligned} \sigma'_{xx} = \frac{2\bar{\sigma}}{3d\bar{\varepsilon}}d\varepsilon_{xx},\ \sigma'_{yy} = \frac{2\bar{\sigma}}{3d\bar{\varepsilon}}d\varepsilon_{yy},\ \sigma'_{zz} = \frac{2\bar{\sigma}}{3d\bar{\varepsilon}}d\varepsilon_{zz}, \\ \sigma'_{xy} = \frac{2\bar{\sigma}}{3d\bar{\varepsilon}}d\varepsilon_{xy},\ \sigma'_{yz} = \frac{2\bar{\sigma}}{3d\bar{\varepsilon}}d\varepsilon_{yz},\ \sigma'_{zx} = \frac{2\bar{\sigma}}{3d\bar{\varepsilon}}d\varepsilon_{zx} \end{aligned} \tag{3.67}$$

このようにして導かれるひずみ増分理論に基づく構成式は，一般の負荷に対しては合理的である。しかし，ひずみを求めるための積分は簡単ではなく，加

工硬化を考えるとこの積分がきわめて難しいという欠点がある。近年の塑性加工の数値解析技術の発達により，加工硬化を考慮した場合の相当応力 $\bar{\sigma}$ を式 (2.15)，(2.22) より求めるために必要な相当ひずみは式 (3.58) の数値積分によって求めることができるので，この欠点はほぼ克服されている。ただし，分母の相当ひずみ増分 $d\bar{\varepsilon}$ は式 (3.56) に示されているとおりひずみ成分 $d\varepsilon_{xx}$，$d\varepsilon_{yy}$ などの関数であるので，式 (3.67) は非線形な方程式である。例えば剛塑性有限要素法に代表される塑性加工の数値解析手法では，式 (3.67) が用いられている。また，式 (3.61) をフックの法則 (3.60) とあわせて用いることにより，弾塑性構成式（プラントル・ロイスの式）が得られる。

〔2〕 全ひずみ理論

全ひずみ理論は，材料要素の最初と最後の状態によって定義されるひずみ成分と，応力成分を関係付ける考え方である。したがって，この理論は変形の途中の影響を考慮できない。

全ひずみ理論は，「塑性ひずみの主軸がつねに応力の主軸と一致し，塑性ひずみの成分が，最終状態での偏差応力成分に比例する」という仮定のもとに導かれている。したがって，この仮定のもとでは，塑性ひずみと偏差応力の間には，式 (3.68) が成立している。

$$\frac{\varepsilon_{xx}{}^p}{\sigma'_{xx}} = \frac{\varepsilon_{yy}{}^p}{\sigma'_{yy}} = \frac{\varepsilon_{zz}{}^p}{\sigma'_{zz}} = \frac{\varepsilon_{xy}{}^p}{\sigma'_{xy}} = \frac{\varepsilon_{yz}{}^p}{\sigma'_{yz}} = \frac{\varepsilon_{zx}{}^p}{\sigma'_{zx}} = \lambda \qquad (3.68)$$

式 (3.68) の主ひずみによる表示，比例係数 λ を求める方法は式 (3.63)～(3.66) より増分記号 d をとればよい。したがって，全ひずみ理論に基づく構成式は，以下の式により表される。

$$\begin{aligned}
\sigma'_{xx} &= \frac{2}{3}\frac{\bar{\sigma}}{\bar{\varepsilon}}\varepsilon_{xx},\ \sigma'_{yy} = \frac{2}{3}\frac{\bar{\sigma}}{\bar{\varepsilon}}\varepsilon_{yy},\ \sigma'_{zz} = \frac{2}{3}\frac{\bar{\sigma}}{\bar{\varepsilon}}\varepsilon_{zz}, \\
\sigma'_{xy} &= \frac{2}{3}\frac{\bar{\sigma}}{\bar{\varepsilon}}\varepsilon_{xx},\ \sigma'_{yz} = \frac{2}{3}\frac{\bar{\sigma}}{\bar{\varepsilon}}\varepsilon_{yz},\ \sigma'_{zx} = \frac{2}{3}\frac{\bar{\sigma}}{\bar{\varepsilon}}\varepsilon_{zx}
\end{aligned} \qquad (3.69)$$

この式は，**ヘンキーの構成則**と呼ばれている。この式による計算に当たっては，材料内の各要素の変形を時々刻々追うことなく，応力と塑性ひずみとを直

接対応できるので,ある点での応力値が与えられれば,全ひずみがただちに求められる。特に応力およびひずみの比が一定値に保たれる場合(＝比例負荷の場合),すなわち,$\varepsilon_{xx} : \varepsilon_{yy} : \varepsilon_{zz} : \varepsilon_{xy} : \varepsilon_{yz} : \varepsilon_{zx}$が変形中つねに一定に保たれる場合には,式(3.69)のヘンキーの構成則は式(3.67)のレビー・ミーゼスの流動則に一致し,さらに相当ひずみは積分することなく式(3.56)より直接計算できるので,この関係式は合理的である。したがってヘンキーの構成則は,比例負荷に近い条件が満足されている場合にはしばしば用いられる。しかし,圧縮をしていた材料を途中から引っ張るような,比例負荷の条件を満足しない場合には,変形経路による違いを表すことができないという本質的な欠陥を持っているので,ひずみ増分理論で求めた場合よりも,解の精度は劣ることを十分留意しておく必要がある。

3.6 塑性加工の解析手法

塑性加工の解析は,加工される材料内の応力やひずみ分布,加工荷重,トルクおよび工具に加わる圧力などを,定量的に明らかにするために行われる。したがって,これにより変形の特性を明らかにし,適正な加工条件を選び,加工機械の見積もりも行うことができる。

これらのためには,解析しようとする塑性加工の応力状態・摩擦条件を的確に判断し,かつ,解析目的に応じた解析方法を選定する必要がある。

3.6.1 塑性加工の際に現れる応力状態

塑性加工における変形・応力状態を大別すると,軸対称,平面ひずみ,平面応力,3次元に分けられる。

軸対称変形は,棒や管の軸方向の引張り,圧縮,引抜き,押出し,円管の内圧による押し広げ,円板の深絞りなど非常に多い。一方,平面ひずみ変形は,変形が平面内に限定して起こる場合を指す。実際の塑性加工で厳密に平面ひずみになる例はないが,近似的には圧縮変形を受ける材料の幅方向の変形がない

か，または，きわめて少ないときに相当する．したがって，薄板の圧延加工，曲げ加工などはこの変形に相当する．平面応力状態は，応力が平面内成分に限定される場合で，この応力状態は板の深絞りにおけるフランジ変形や張出し加工などに見られる．

3.6.2 摩擦境界条件

塑性加工時に工具に作用する圧力は非常に高いため，現実の摩擦境界条件はきわめて複雑であるが，多くの場合，以下の二つの近似式により表されている．

〔1〕 クーロン摩擦

工具に垂直方向に作用する応力（＝接触圧力）を p とすると，そのときの摩擦力 τ_f を以下の式で表す．

$$\tau_f = \mu p \tag{3.70}$$

μ は摩擦係数であり，冷間潤滑状態の場合だいたい 0.05〜0.15 程度，熱間無潤滑状態の場合 0.25〜0.4 程度の値をとる．もちろんこの値は，表面状態，表面温度，表面層の性質，潤滑状態などにより影響を受ける．

〔2〕 せん断摩擦

摩擦力が垂直応力に無関係で，材料のせん断降伏応力のみに依存するとした摩擦法則である．したがって，工具との接触面にある材料のせん断降伏応力を k とすれば，摩擦応力は次式で表される．

$$\tau_f = mk \tag{3.71}$$

m をせん断摩擦係数もしくは摩擦定数と呼び，$0 \leq m \leq 1$ の値をとる．

3.6.3 塑性加工の各種解析手法

これらの応力状態と摩擦条件を用いて解析を行うに当たり，以下の近似解析手法もしくは数値解析手法が用いられている．

〔1〕 初等解析法またはスラブ法

これは材料の変形領域を，平面あるいは球面に沿う**板状微小要素**（slab）に

分割し，この要素に垂直に作用する応力を主応力として，この応力が要素内では一様と仮定して，降伏条件と釣合い条件を連立して解く方法である。

この方法は，塑性加工の力学的解析の歴史において古くから用いられてきたものの一つで，解析が比較的容易で，かつ，圧延，円板の圧縮，引抜きなどについては，比較的近似度がよいので，現在でもよく用いられている。なお，この解析手法は平面応力もしくは平面ひずみの場合に多く用いられる。

〔2〕 有限要素法（FEM）

これは応力テンソル $[\sigma]$ の成分により表された力の釣合い式 (3.16) を基礎式とした数値解析法で，変形している物体中の応力やひずみ状態を求めたり，形状変化を予測するのに有効な方法である。対象とする物体を多数の3角柱や六面体要素に分割し，要素どうしの接合点である節点での力の釣合いを満足させつつ，おのおのの要素内の応力，ひずみなどを計算する。この方法は，コンピュータの普及により著しく発展し，塑性加工分野では広く活用されている。

釣合い方程式およびモーメントの釣合い式は，式 (3.16) により表されている。この釣合いを満足する物体に速度境界条件を満足する仮想速度変化 $\delta \dot{\boldsymbol{u}}$ が作用した場合を考え，力の釣合い式をその積分形式（弱形式）に変換する。式 (3.16) に仮想速度変化 $\delta \dot{\boldsymbol{u}}$ を乗じて体積積分すると，次式が得られる。

$$\int_V \left\{ \left(\frac{\partial \sigma_{xx}}{\partial x} + \frac{\partial \sigma_{xy}}{\partial y} + \frac{\partial \sigma_{zx}}{\partial z} \right) \delta \dot{u}_x + \left(\frac{\partial \sigma_{xy}}{\partial x} + \frac{\partial \sigma_{yy}}{\partial y} + \frac{\partial \sigma_{yz}}{\partial z} \right) \delta \dot{u}_y \right. $$
$$\left. + \left(\frac{\partial \sigma_{zx}}{\partial x} + \frac{\partial \sigma_{yz}}{\partial y} + \frac{\partial \sigma_{zz}}{\partial z} \right) \delta \dot{u}_z \right\} dV = 0 \tag{3.72}$$

左辺をガウスの発散定理を利用して変形し整理する。

$$\int_{S_f} \{ (\sigma_{xx} n_x + \sigma_{xy} n_y + \sigma_{zx} n_z) \delta \dot{u}_x + (\sigma_{xy} n_x + \sigma_{yy} n_y + \sigma_{yz} n_z) \delta \dot{u}_y $$
$$+ (\sigma_{zx} n_x + \sigma_{yz} n_y + \sigma_{zz} n_z) \delta \dot{u}_z \} dS $$
$$- \int_V \left\{ \left(\sigma_{xx} \frac{\partial (\delta \dot{u}_x)}{\partial x} + \sigma_{xy} \frac{\partial (\delta \dot{u}_x)}{\partial y} + \sigma_{zx} \frac{\partial (\delta \dot{u}_x)}{\partial z} \right) + \left(\sigma_{xy} \frac{\partial (\delta \dot{u}_y)}{\partial x} \right. \right. $$
$$\left. + \sigma_{yy} \frac{\partial (\delta \dot{u}_y)}{\partial y} + \sigma_{yz} \frac{\partial (\delta \dot{u}_y)}{\partial z} \right) + \left(\sigma_{zx} \frac{\partial (\delta \dot{u}_z)}{\partial x} + \sigma_{yz} \frac{\partial (\delta \dot{u}_z)}{\partial y} + \sigma_{zz} \frac{\partial (\delta \dot{u}_z)}{\partial z} \right) \bigg\} dV $$
$$= 0 \tag{3.73}$$

すなわち，式 (3.74) が得られる．

$$\int_V \{(\sigma_{xx}\delta\dot{\varepsilon}_{xx} + \sigma_{yy}\delta\dot{\varepsilon}_{yy} + \sigma_{zz}\delta\dot{\varepsilon}_{zz} + 2\sigma_{xy}\delta\dot{\varepsilon}_{xy} + 2\sigma_{yz}\delta\dot{\varepsilon}_{yz} + 2\sigma_{zx}\delta\dot{\varepsilon}_{zx})\}dV$$

$$= \int_{S_f} (T_x\delta\dot{u}_x + T_y\delta\dot{u}_y + T_z\delta\dot{u}_z)dS \qquad (3.74)$$

仮想速度変化 $\delta\dot{u}$ が体積一定条件を満足する場合には，式 (3.75) が成立する．さらに，式 (3.76) で表される体積一定条件を付帯する．

$$\int_V \{(\sigma'_{xx}\delta\dot{\varepsilon}_{xx} + \sigma'_{yy}\delta\dot{\varepsilon}_{yy} + \sigma'_{zz}\delta\dot{\varepsilon}_{zz} + 2\sigma'_{xy}\delta\dot{\varepsilon}_{xy} + 2\sigma'_{yz}\delta\dot{\varepsilon}_{yz} + 2\sigma'_{zx}\delta\dot{\varepsilon}_{zx})\}dV$$

$$= \int_{S_f} (T_x\delta\dot{u}_x + T_y\delta\dot{u}_y + T_z\delta\dot{u}_z)dS \qquad (3.75)$$

$$\dot{\varepsilon}_{xx} + \dot{\varepsilon}_{yy} + \dot{\varepsilon}_{zz} = 0 \qquad (3.76)$$

有限要素法では，式 (3.75) および (3.76) を有限個の要素を利用して離散化し，剛塑性あるいは弾塑性構成式を利用しつつ適切な境界条件のもとで解くことによって，種々の塑性加工について2次元および3次元解析を行う．

〔3〕 **塑性加工解析より求められる特性**

以下に，種々の塑性加工においてよく用いられている解析手法の例と，それから求められる特性をまとめて示す．

曲げ加工	応力-ひずみ解析，弾塑性有限要素法	張力下のスプリングバック
鍛造加工	スラブ法，剛塑性有限要素法	加工荷重
圧延加工	スラブ法，剛塑性有限要素法	加工荷重，トルク
深絞り加工	応力-ひずみ解析，弾塑性有限要素法	加工力，板厚変化
押出し加工	剛塑性有限要素法	加工力，応力，ひずみ
引抜き加工	弾塑性有限要素法	加工力，板厚変化
転造加工	スラブ法，剛塑性有限要素法	加工力，欠陥の発生
せん断加工	剛塑性有限要素法	加工力

3.7 塑性力学における応力・ひずみの表現と慣用表記

本章では塑性力学の基礎的な内容について説明してきた．本章の中で使用した記号は，塑性力学において一般的に用いられているものを用いたが，種々の塑性加工の解析において用いられている慣用表記とは一部合致していないものがある．最後に，本章にて用いた記号と慣用表記との違いをまとめて示す．

3.7.1 ひ ず み

本章では，変形が微小であるときのみ正しい公称ひずみと，変形が大きくても正しい真ひずみを区別し，それぞれ e, ε と表した．塑性加工の解析を実際に行う場合にはこれらを区別しない場合も多く，その場合には公称ひずみも ε で表される．

真ひずみテンソルの成分を表示するに当たり，本章ではすべて二つの添え字を持った ε により表したが，慣用表記では垂直ひずみを以下のとおり表す場合がある．

$$\varepsilon_{xx} \to \varepsilon_x, \varepsilon_{yy} \to \varepsilon_y, \varepsilon_{zz} \to \varepsilon_z$$

また，せん断ひずみについては，テンソル成分 ε ではなく工学的せん断ひずみ γ を用いる場合も多い．これらの対応関係は以下のとおりである．

$$\varepsilon_{xy} \to \frac{1}{2}\gamma_{xy}, \varepsilon_{yz} \to \frac{1}{2}\gamma_{yz}, \varepsilon_{zx} \to \frac{1}{2}\gamma_{zx}$$

3.7.2 応 力

応力についての，ひずみと同様の慣用表記が用いられる場合がある．その場合まず，垂直応力については，以下の表記が用いられる．

$$\sigma_{xx} \to \sigma_x, \sigma_{yy} \to \sigma_y, \sigma_{zz} \to \sigma_z$$

さらにせん断応力として σ の代わりに τ を用いる場合が多い．

$$\sigma_{xy} \to \tau_{xy}, \sigma_{yz} \to \tau_{yz}, \sigma_{zx} \to \tau_{zx}$$

演 習 問 題

1) $\sigma_1 = 300\,\text{MPa}$, $\sigma_2 = 50\,\text{MPa}$, $\sigma_3 = -500\,\text{MPa}$ で塑性変形している材料がある。いま，σ_1 の作用する方向に 1％（0.01）の塑性ひずみの増加があったとしたときの，他の方向の塑性ひずみ増分を求めなさい。

2) 1) の応力にさらに $-300\,\text{MPa}$ の応力が各方向に作用し，$\sigma_1 = 300 - 300 = 0\,\text{MPa}$, $\sigma_2 = 50 - 300 = -250\,\text{MPa}$, $\sigma_3 = -500 - 300 = -800\,\text{MPa}$ で塑性変形している材料がある。1) と同じく，σ_1 の作用する方向に 1％（0.01）の塑性ひずみの増加があったとしたときの，他の方向の塑性ひずみ増分を求めなさい。

3) 図 **3.20** のような，降伏応力が 245 MPa の材料を使った両端をふたで閉じた直径 40 cm，厚さ 4 mm の薄肉円管がある。いま，この円管に内圧 p を加えたとき，降伏する圧力をミーゼスの条件とトレスカの条件の両方で求めなさい。このとき，半径方向の応力を考慮する場合としない場合とで何％程度の差があるかも同時に検討しなさい。ただし R を薄肉円管の半径，t を肉厚とする。

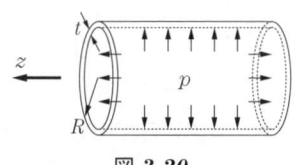

図 **3.20**

4) 両端を閉じた直径 40 cm，厚さ 4 mm の薄肉円管に内圧 50 気圧（5.07 MPa）を加えたときの壁厚の減少量を求めなさい。ただし，材料の応力-ひずみ曲線は $\sigma = 784\,\varepsilon^{0.25}$〔MPa〕で与えられるとし，半径方向応力は無視してもよい。

5) 式 (3.32) で表される応力テンソル $[\sigma]$ の固有方程式を，偏差応力テンソル $[\sigma']$ による表示に書き換えなさい。

6) 式 (3.38) に示した I_2' が，$I_2' = -(\sigma'_{xx}\sigma'_{yy} + \sigma'_{yy}\sigma'_{zz} + \sigma'_{zz}\sigma'_{xx} - \sigma'_{xy}\sigma'_{yx} - \sigma'_{yz}\sigma'_{zy} - \sigma'_{zx}\sigma'_{xz})$ を満足することを証明しなさい。またこの式は，式 (3.34) に示されている応力の第 2 不変量と同じ形の式であることを確かめなさい。

4 曲げ加工

　曲げ加工は，板，棒，管などの素材に曲げ変形を与えて，目的とする形状に永久変形させる加工方法をいう。しかし，この加工は，素材を単に直線や湾曲に沿って曲げるばかりではなく，深絞り加工でのダイス肩部の変形や，口絞り・縁巻き加工などのようにほかの変形様式と組み合わされて使われることも多い。本章では，塑性加工の各論に入るに当たり，まずこの曲げ加工を概説すると同時に，この場合の加工理論を用いて，弾性力学と塑性力学の具体的な違いの説明も行う。

4.1　曲げ加工の種類

　曲げ加工は，その加工形式から**図 4.1**に示されるように型曲げ，折曲げ，ロール曲げに大別される。

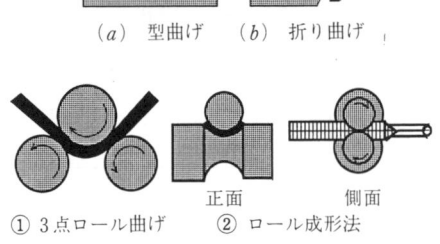

図 **4.1**　曲げ加工の分類

〔1〕型曲げ

この加工法（図4.1(a)）は，板の曲げ加工では最も多く用いられている方法で，板の両端を自由に支持して，それをプレス機に取り付けた上下一対の金型（ポンチとダイス）で押し付けて曲げる方法である．したがって，板が支点を滑り込むようにして曲げが起こるので3点型曲げとも呼ばれる．この曲げには，**図4.2**に示すように曲げ製品の断面形状によって，V，L，U，UO曲げがある．また，曲げ線が直線であるか，曲線であるかによって，曲げられた部分（＝フランジ部）の変形が，**図4.3**のように分類される．このうち，曲げ線が曲線である同図(b)，(c)の場合は，フランジ部が曲げ変形ばかりでなく曲げ線方向に引張りあるいは圧縮変形を受ける．同図(b)のように曲げ変形時，フランジが引張変形を受ける成形を**伸びフランジ成形**，同図(c)のように圧縮変形を受ける成形を**縮みフランジ成形**という．このように曲線に沿って曲げるフランジ成形は絞り成形において最も多く見られる．

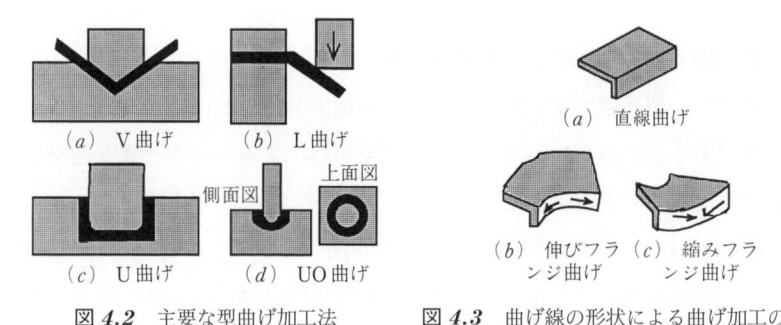

図4.2 主要な型曲げ加工法

(a) V曲げ (b) L曲げ (c) U曲げ (d) UO曲げ

図4.3 曲げ線の形状による曲げ加工の分類

(a) 直線曲げ (b) 伸びフランジ曲げ (c) 縮みフランジ曲げ

〔2〕折曲げ

この曲げ方法（図4.1(b)）は，板材の片方を固定し，型に沿って移動する工具で材料の自由端を押し下げて折り曲げる方法で，管や形材の曲げに多く用いられている方法である．

〔3〕ロール曲げ

この曲げ方法（図4.1(c)）は，曲げ方向が長手方向であるか，幅方向であるかによって，通常のロール曲げと，ロール成形法とに分類される．通常のロ

ール曲げは，上下に配置した3〜4本の回転ロールの間に形材，板材などを送り込み連続的に曲げ加工を行う方式である。この場合，このロールによる曲げ方向をロールごとにたがいに逆向きにして，繰り返して与え，その曲げ量を減衰させていけば，材料の曲がりが矯正されるが，**ローラーレベラー**はこのロール曲げを利用したものである。一方，**ロール成形法**は数段の成形ロールにより帯鋼を幅方向に順次曲げて**表4.1**のように丸い円管を製造したり，形材などを製造する方式である。

表4.1 ロール成形で成形される断面形状例

製　品	パイプ	形　材	広幅材
断面形状	◯	☐ ⌐ ㇄	⊓⊔⊓⊔

4.2 板材の曲げ変形

4.2.1 曲げ加工時の応力とひずみ状態

曲げ加工は，製品の形状や加工方法および加工条件などにより変形過程が異なり複雑である。そのため，本節では理解を容易にするため，一様な曲率で曲げられる均等曲げの場合を考える。

いま，**図4.4**(a)のように平たんな板が同図(b)のように曲げられた場合，曲げ部の断面は同図(c)に示すように曲げの外表面側は伸ばされ，内表面側は縮められる。そして板厚のほぼ中央付近には伸び縮みが起こらない中立面ができる。この部分の応力の状態は同図(c)に示されるように，弾性変形域である中立面近傍では円周方向応力が直線的に増加し，それから先の塑性変形域では放物線的に増加し外表面および内表面で最大となる。

一方，この場合のひずみ ε は，中立面の曲率半径を R_n，中立面から y だけ離れた面の曲率半径を r とすると，式(4.1)で与えられる。

$$\varepsilon = \frac{r - R_n}{R_n} = \frac{y}{R_n} \tag{4.1}$$

4.2 板材の曲げ変形

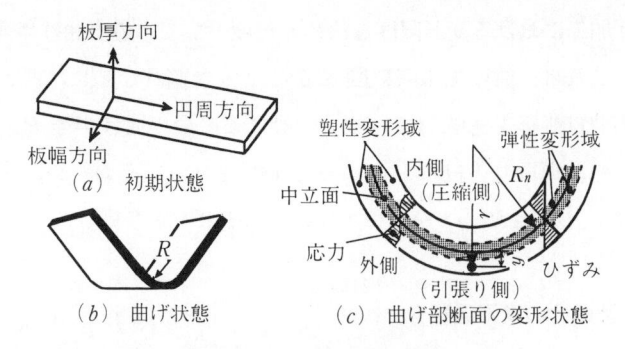

図4.4 板の曲げ変形状態

したがって，このひずみ ε は中立面からの距離に比例して増大し，外表面および内表面で最大になると同時に，中立面の曲率半径に反比例するので，曲率半径が小さいほど増大する。

一方，曲げ部の板厚は引張変形となる中立面より外側では薄くなり，圧縮変形となる内側では厚くなる。このため，板幅方向についてみると，外側では縮もうとし，内側では伸びようとする。その結果，**図4.5** に示すように，板幅方向にも曲がりが生じ，くら形状になる。この曲がりは**そり**と呼ばれる。このそりは板幅 b と板厚 t の比 b/t が小さい場合は，幅方向の変形が起こりやすくなるため著しく起こり，製品精度に影響を与える。そして，幅方向の応力 $\sigma_z \fallingdotseq 0$ となり，平面応力状態に近くなる。一方，板幅が広くなり b/t が約8以上になると幅方向の変形が拘束され，この変形が板縁の近傍だけに限られるようになるので，そりは起こらず幅の中央部では平面ひずみ状態と考えてよくなる。

以上のように，曲げ部の応力とひずみ状態はかなり複雑であるので，多くの

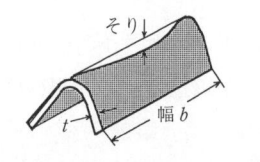

図4.5 曲げ加工時のそり

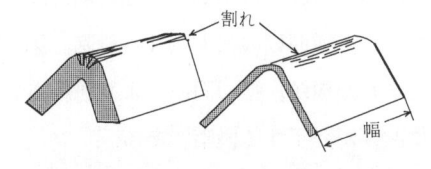

図4.6 曲げ部に発生する割れの例

場合，曲げ加工における変形限度を決める尺度として，**最小曲げ半径**が用いられている。これは，曲げ加工時に図 *4.6* のような割れなしに，曲げることができる最小曲げ半径を意味している。一般にこの最小曲げ半径 $R_{\min}$ は，素材の材質，板厚，板取り方向などによって影響される。そのため，実用上では $R_{\min}$ と板厚 t との比 $R_{\min}/t$ を用いて比較されることが多い。

4.2.2 型曲げの変形過程

板の型曲げの変形過程を，V 型のポンチとダイスを用いて曲げる場合を例に説明する。この場合の変形過程は，図 *4.7* に示すように 4 段階に分けられる。

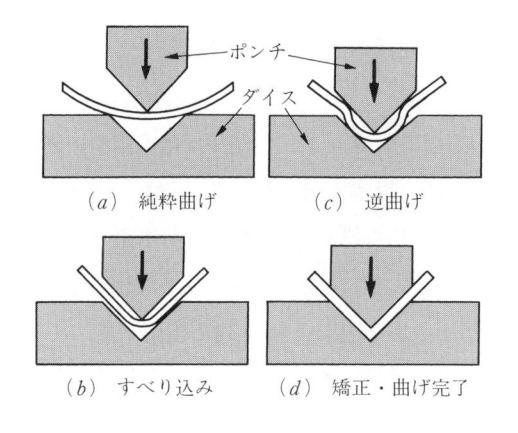

(a) 純粋曲げ　(b) すべり込み　(c) 逆曲げ　(d) 矯正・曲げ完了

図 *4.7*　V 型曲げの変形過程

第 1 段階は，ダイス上に置かれた板がダイスで 2 点支持され，同図 (*a*) のようにポンチで押し曲げられて純粋曲げ変形を受ける段階。第 2 段階はさらに曲げが進み，同図 (*b*) のように板がダイスの角度に曲がって斜面と平行になり，ダイスの肩から離れてダイス内に滑り込む段階。第 3 段階は，さらに加工が進み，曲げられた板がポンチ面に当たり，同図 (*c*) のようにポンチの側面で曲げ返され，逆曲げの状態になる段階。第 4 段階は，ポンチとダイスの間に押さえ込まれた板が，型の面圧により圧縮され，逆曲げが矯正されて同図 (*d*) のように曲げが完了する段階である。

この場合の曲げ力の変化は図 *4.8* のようになる。すなわち，図 *4.7* の変形

4.2 板材の曲げ変形

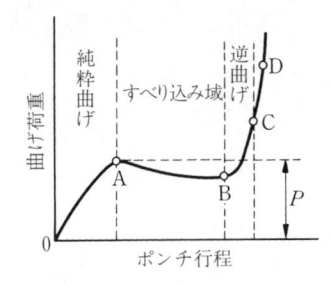

図 4.8 V型曲げ時の荷重-行程曲線

過程に対して，図 4.8 の（O-A）は純粋曲げ変形に相当する領域で，このときの曲げに必要な力は弾性曲げ変形から塑性曲げになるのに要す荷重である．一方，荷重が一時軽減する（A-B）間は板がダイス内に滑り込む過程である．しかし，同図 (c) の第 3 段階となり，板がポンチ面に当たり始めると，急激に荷重が増大しだす．その結果，第 4 段階の変形過程の荷重は（C-D）の挙動をとる．

このときの曲げに要する力，すなわち曲げ荷重は図 4.8 の P で示される．この P は材料の引張強さ，板厚の 2 乗，板幅などに比例して増大するので，V 曲げの場合，式 (4.2) の近似式がよく用いられる．

$$P = \frac{Cbt^2\sigma}{l} \tag{4.2}$$

ここで，t：板厚，b：板幅，σ：板の引張強さ，l：ダイス溝の幅，C：比例定数（V 曲げ：$1.0 \sim 1.3$，U 曲げ：$2.0 \sim 3.0$）である．

4.2.3 スプリングバック

図 4.9 に示すように板を所定の角度 θ_1 まで曲げた後で力を取り除くと，板の内部の弾性ひずみが回復する．そのため，曲げ角は初めの曲げ角より小さくなり，目的とする曲げ形状を実現することができなくなる．この現象は**スプリングバック**といわれ，加工精度に直接影響を及ぼすため，曲げ加工では特に重要な問題とされている．

この場合，スプリングバック量 $\Delta\theta$ は式 (4.3) として定義され

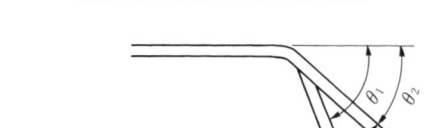

θ_1：負荷時の曲げ角
θ_2：除荷時の曲げ角
$\Delta\theta$：スプリングバック量

図 **4.9** スプリングバック

$$\Delta\theta = \theta_1 - \theta_2 \tag{4.3}$$

弾塑性材料に対しては式 (4.4) で，また応力-ひずみ曲線が $\sigma = F\varepsilon^n$ で与えられる加工硬化材に対しては，式 (4.5) で推定されている．

（弾塑性材料）

$$\frac{\Delta\theta}{\theta} = \frac{3RY}{Et} - 4\left(\frac{RY}{Et}\right)^3 \tag{4.4}$$

（$\sigma = F\varepsilon^n$ の加工硬化材）

$$\frac{\Delta\theta}{\theta} = \frac{3F}{(n+2)E}\left(\frac{2R}{t}\right)^{1-n} \tag{4.5}$$

ここで，R：曲げ半径，Y：降伏応力，E：縦弾性係数，t：板厚 n：加工硬化指数，F：塑性係数である．

この結果，スプリングバックの量は一般に降伏応力が高く，硬い材料ほど大きく，同一材料では板厚が薄く，曲率半径が大きいほど大きくなる．このようなスプリングバックは，図 4.4(c) に示した板厚断面に作用する応力とひずみの不均一な分布に起因する．そのため，これを小さくするには，断面内のひずみを均一にすることである．具体的には，板の長さ方向に引張力を加えたり（＝引張曲げ加工），あるいは圧縮力を加えたり，ポンチとダイスで板厚方向に強制的に加圧する方法等がある．

4.3 板のロール成形

ロール成形法（ロールフォーミング）は，帯鋼コイルを図 **4.10** のように直列に並んだ数組のロールを用いて，連続的に順次，孔型形状になるように幅方

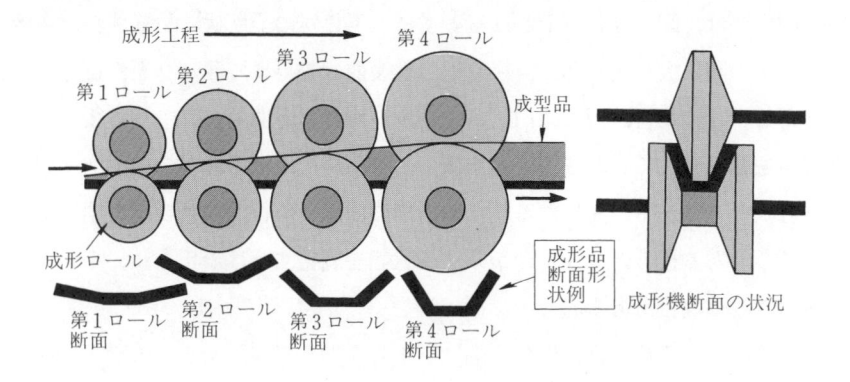

図 *4.10*　ロール成形法

向に曲げ加工して，目的とする形状に成形する加工法をいう。この加工法は成形が連続的で，かつ生産速度が毎分数 10 m と速くできるので生産性が高い。また，材料として高精度の圧延帯鋼が使えるので，熱間圧延形鋼より精度の高い形鋼や鋼管をつくれる。そのため，この成形法は長尺の軽量形鋼，電縫管，角管などの生産に広く利用されている。前記，表 *4.1* はロール成形によって加工されている製品の断面形状例である。このうち，電縫管は帯鋼をロール成形により順次円形に成形して，最後に電気抵抗溶接，高周波誘導溶接，アーク溶接などの各種溶接方法により連続的に溶接され，鋼管に仕上げられたものをいう。

4.4 板 の 矯 正

板を成形加工する場合，素材としての板材の平たん度は寸法精度を確保する点からも，つぎの成形工程上からも重要な問題である。そのため，平たん度の劣る板は成形する前に矯正する必要がある。特に，コイルとして出荷される薄板は巻き戻すとそりが残るが，このそりを取り除き，精度のよい部品とするためには，矯正が行われる必要がある。この板材の矯正を機械的に行う方法は種々あるが，連続的で大量に行う方法に**ローラーレベラー法**がある。

この方法は，図 **4.11** に示されるように上下2列に千鳥状に配置された多数のロールの間に板を送り込み，繰り返し往復曲げを与えて曲がりを修正する方法である。この場合，板は入口（かみ込み）側で強く曲げられ，その後，曲げ変形量を順次少なくし，残留応力を減少していくと，板の曲がりの不均一が矯正され，板全体が平たんになる。なお，横に曲がった板，および幅の中央や縁にたるみのある板も，ロールのかみ込み状態を調整すれば矯正され，平たん度が改善される場合もある。

このほかの矯正法には，板の両端に引張力を加えて矯正する引張矯正，板の両面から工具を押し付けて平らにする押付け矯正法などがある。

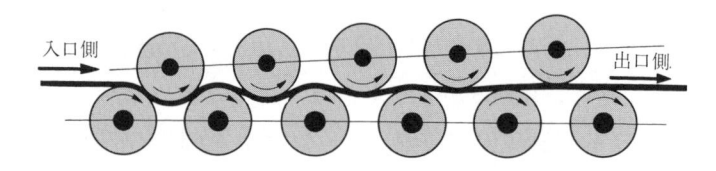

図 **4.11** ローラーレベラーによる板の矯正

4.5 管・形材の曲げ変形

管材や形材の曲げは，板材の場合とはかなり異なった挙動を示す。まず管の場合，管は中空であるため曲げが進むにつれて断面が偏平になったり，曲げの内側にしわが発生する。これは，曲げの内側と外側で管の肉厚が変わるという肉厚の不均一（偏肉）を生じるためである。このような欠陥を回避しながら曲げる方法として実用されている方法には，(1) 砂や樹脂，鉛その他，低溶融合金などを充てん材として内部に詰めて，両端を閉じて曲げる砂詰め法，(2) 締付け型（ダイス）を用いて管を曲げ型（ダイス）に固定し，心金と圧力型で管の内外を押さえながら，型を回転させて曲げるダイス・プラグ式ベンダ法，(3) 管を固定した型（ダイス）のまわりにロールで押し付けながら曲げるダイス・ロール式ベンダ法，(4) 湾曲した心金に管をはめ，後方より押し出し

ながら曲げる心金法，（5）湾曲したダイス穴中に管を押し通して曲げるダイス法，（6）3ロール式の丸孔型ロールで曲げる3ロール法，（7）曲げの内側にしわが発生するのを防止するため，引張力を与えながら曲げる引張曲げ法，などがある。**図 4.12** に主要な曲げ方法の原理を示す。

一方，形材を曲げる方法としては，それぞれの形状の孔型を付けた3本のロールにより曲げる3ロール方式が広く用いられている。

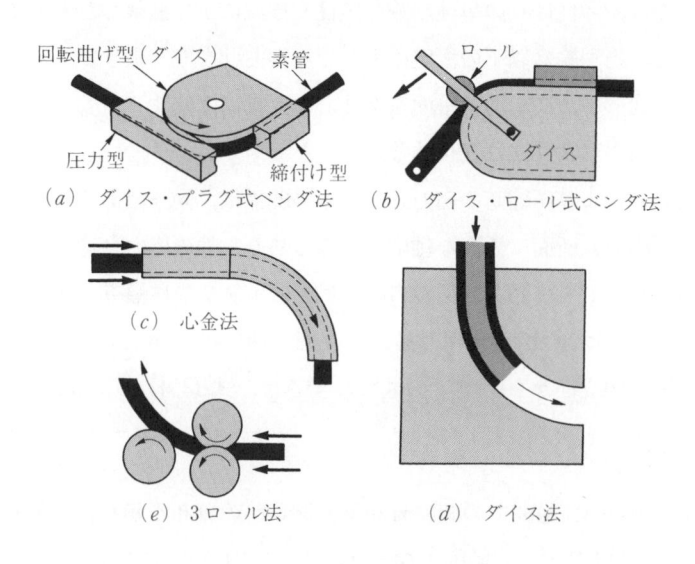

図 **4.12** 管の曲げ方法の原理

4.6 曲げ変形理論

塑性力学の基礎理論を示したあとの最初の章に曲げ変形を持ってきたのは，本章の冒頭にも述べたように，曲げ変形が弾性力学と塑性力学の適用法の違いを最もわかりやすく示すことができるからである。これは曲げ変形では，図 4.4(c) のように中立面近傍に弾性変形域，それより表面側に塑性変形域が存在するため，塑性曲げにおいても弾性変形域を無視することができないからで

ある。

以下にこの場合の変形理論を,板や棒で曲げひずみ量が小さい場合の均等曲げに適用できる初等理論と,広幅の板のような平面ひずみ状態の曲げで,ひずみ量が大きい場合にも適用できる平面ひずみ曲げの理論に分けて示す。

4.6.1 塑性曲げの初等理論

この理論は,弾性はりの単純理論を塑性変形域にまで拡張したものである。したがって,当理論は以下の仮定のもとで均等曲げを取り扱う。

1) 曲げ変形中,横断面は平面を保ち,中立軸に直交する。
2) 横断面の形状寸法は変化しない。
3) 引張りおよび圧縮時の応力とひずみの関係は,同一である。
4) 曲げ応力は断面に垂直な軸応力のみであり,他の応力は考えない。

以上の仮定のもとに図 **4.13** の(a),(b)に示すように幅 b,高さ h の断面に一様のモーメント M が作用して,中立面の曲率半径が R_n になった場合を考える。まず中立面から距離 y の曲げひずみは,式 (4.1) のように示される。

$$\varepsilon = \frac{y}{R_n} \tag{4.1}$$

ここで,ε が弾性範囲での応力分布は同図(d)の分布を示し,ε が大きくなり $y > y'$ と塑性ひずみの範囲になると,その応力分布は同図(e)に示すような分布になるとする。一方,面積 $dA = b\,dy$ に作用する応力を σ とすると,軸方向に外力が作用していない場合は式 (4.6) が成立する。そして,式 (4.6) を満足する位置が中立面であり,長方形断面で引張りと圧縮の応力-ひずみ曲線が同じと仮定すると図心を通る。

$$\int_A \sigma\,dA = 0 \tag{4.6}$$

一方,モーメント M は式 (4.7) で与えられる。

$$M = \int_{-h/2}^{h/2} \sigma b y\,dy \tag{4.7}$$

したがって,曲げモーメント M は,図 $4.13(e)$ に示すような弾完全塑性体

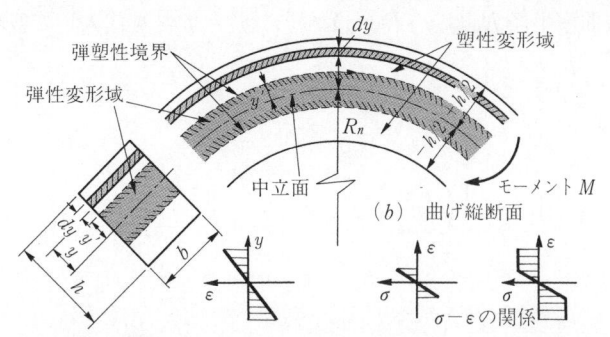

(a) 曲げ横断面　(b) 曲げ縦断面　(c) ひずみ分布　(d) 弾性域　(e) 弾塑性域

図 4.13 均等曲げ変形時の応力とひずみ分布

の場合には以下のようにまとめられ，弾性力学と塑性力学の違いが明確に示される。

まず，応力分布は図 4.13(d)(e) からわかるように式 (4.8) となる。そこで，この応力分布を式 (4.7) に代入すると曲げモーメント M は式 (4.9) となる。

$$\left.\begin{array}{l} y' \geqq y \geqq 0 \text{ で } \sigma = Y \dfrac{y}{y'} \\ \dfrac{h}{2} \geqq y \geqq y' \text{ で } \sigma = Y \end{array}\right\} \tag{4.8}$$

$$M = 2\frac{Y}{y'}\int_0^{y'} by^2\,dy + 2Y\int_{y'}^{h/2} by\,dy$$

$$= \frac{bh^2 Y}{4}\left\{1 - \frac{4}{3}\left(\frac{y'}{h}\right)^2\right\} \tag{4.9}$$

ここで $y' = h/2$ のとき，すなわち表面ではじめて降伏が開始したとすると，このときの曲げモーメントを**弾性限界の曲げモーメント M_e** といい，式 (4.10) で示される。

$$M_e = \frac{bh^2 Y}{6} \tag{4.10}$$

したがって，式 (4.9) は式 (4.11) に書き換えられる。

$$\frac{M}{M_e} = \frac{3}{2}\left\{1 - \left(\frac{4}{3}\right)\left(\frac{y'}{h}\right)^2\right\} \tag{4.11}$$

M_e に対する曲率半径 R_e は $y'/R = Y/E$ に $y' = h/2$ を代入して整理すると

$$\frac{R_e}{R} = \frac{h}{2y'}$$

したがって

$$\frac{M}{M_e} = \left(\frac{3}{2}\right)\left\{1 - \frac{1}{3}\left(\frac{R}{R_e}\right)^2\right\}$$

または

$$\frac{R}{R_e} = \sqrt{3 - 2\left(\frac{M}{M_e}\right)} \tag{4.12}$$

一方，$y' = 0$ のときは断面全体が塑性域になったときの曲げモーメントを表すが，これは**全塑性曲げモーメント M_0** と呼ばれ，式 (4.13) で示される。

$$M_0 = \frac{bh^2 Y}{4} \tag{4.13}$$

4.6.2 平面ひずみ曲げの理論

曲げ変形が大きくなると，前節の初等理論でたてた仮定は適用できなくなる。ただし，板の均等曲げでは板厚に対して板幅が十分広いと考えてよいので，幅方向（z 方向）の変形は無視して平面ひずみの曲げ変形と仮定できる。

いま，曲げ半径 R で曲げた状態を図 **4.14** のような円筒座標で表し，そのときの中立面半径を R_n で表すと，曲げひずみの変化は $d\varepsilon_z = 0$ なので式 (4.14) で表される。

$$d\varepsilon_\theta = -d\varepsilon_r \tag{4.14}$$

したがって，式 (3.62) より式 (4.15) が求まるので，相当応力 $\bar{\sigma}$ は式

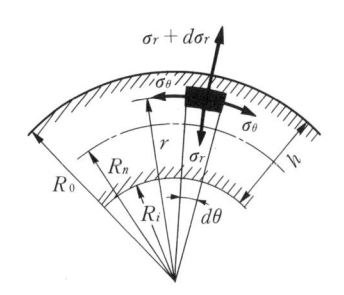

図 **4.14** 均等曲げの円筒座標と表示応力分布

(3.55) から式 (4.16) となる。

$$\sigma_z = \frac{\sigma_\theta + \sigma_r}{2} \tag{4.15}$$

$$\bar{\sigma} = \pm \frac{\sqrt{3}}{2}(\sigma_\theta - \sigma_r) \tag{4.16}$$

ここで簡単のために，剛完全塑性体を仮定すれば $\bar{\sigma} = Y$, また，k をせん断降伏応力とすると平面ひずみの条件から式 (4.17) となる。ここで+は引張り側に，-は圧縮側に適用される。

$$\sigma_\theta - \sigma_r = \pm 2k \tag{4.17}$$

いま，半径 r の位置における微小要素の r 方向の釣合いを考えると，式 (4.18) が得られる。

$$\frac{d\sigma_r}{dr} + \frac{\sigma_r - \sigma_\theta}{r} = 0 \tag{4.18}$$

したがって，$r = R_i, r = R_o$ において，$\sigma_r = 0$ という境界条件のもとに式 (4.18) を積分すると，式 (4.19)，(4.20) が得られる。

$R_n < r < R_o$ に対し

$$\begin{aligned}\sigma_r &= -2k \ln \frac{R_o}{r} \\ \sigma_\theta &= 2k\left(1 + \ln \frac{r}{R_o}\right)\end{aligned} \tag{4.19}$$

$R_i < r < R_n$ に対し

$$\begin{aligned}\sigma_r &= -2k \ln \frac{r}{R_i} \\ \sigma_\theta &= -2k\left(1 + \ln \frac{r}{R_i}\right)\end{aligned} \tag{4.20}$$

中立面の半径 R_n においては，式 (4.19)，(4.20) の σ_r は連続であるので $\ln\{R_n^2/(R_o R_i)\} = 0$ となり，式 (4.21) が成立する。

$$R_n = \sqrt{R_o R_i} \tag{4.21}$$

なお，このような応力分布のときの曲げモーメント M は，式 (4.22) に式 (4.19)，(4.20) の σ_θ と式 (4.21) を代入すると，式 (4.23) となる。

$$M = b\left[\int_{R_i}^{R_n} \sigma_\theta r\, dr + \int_{R_n}^{R_o} \sigma_\theta r\, dr\right] \tag{4.22}$$

$$M = 2kb\left[\frac{R_n^2}{2}\ln\frac{R_o R_i}{R_n^2} + \frac{R_o^2 - 2R_n^2 + R_i^2}{4}\right] = \frac{h^2 b}{4}(2k) \tag{4.23}$$

このことは,初等理論の式 (4.9),(4.23) は係数だけの違いで,ほぼ同じとなることを示している.

4.6.3 スプリングバックの理論

材料に M の曲げモーメントをかけて,曲率半径が R となるように曲げた後,この曲げモーメントがゼロとなるように除荷すると,材料は弾性的に回復して,最初の曲げ形状と一致しなくなる.この現象を**スプリングバック**という.これを応力の変化で説明すると,以下のようになる.

いま,材料(はり)の中立面から y の距離にある層が,σ の応力で曲げられているとし,この状態から除荷されたとき,弾性回復により σ_E の応力の変化が起こり,残留する応力が σ_R になったとする.このときの σ_R は,式 (4.24) で表される.これを曲率変化で表すと,弾完全塑性体の場合には曲率 $1/R$ に曲げられた中立面から y の距離にある層が,弾性回復により $1/R_E$ の曲率変化を起こして,残留曲率が $1/R_R$ になることと等価になるので,式 (4.24) は式 (4.25) で表される.

$$\sigma_R = \sigma - \sigma_E \tag{4.24}$$

$$\frac{1}{R_R} = \frac{1}{R} - \frac{1}{R_E} \tag{4.25}$$

ここで,弾性回復のひずみ量 ε_E は y/R_E となるので,この σ_E は式 (4.26) で表される.

$$\sigma_E = \frac{Ey}{R_E} \tag{4.26}$$

一方,この間のモーメントの変化は式 (4.26) を考慮して式 (4.25) を用いると,式 (4.27) として表される.なお,除荷後のモーメントはゼロであるので式 (4.27) はゼロとなり,式 (4.28) が与えられる.

$$\int \sigma_R y \, dA = \int \sigma y \, dA - \int \frac{Ey}{R_E} y \, dA = 0 \qquad (4.27)$$

$$\frac{1}{R_E} = \frac{M}{EI} \qquad I:\text{断面 2 次モーメント} \qquad (4.28)$$

いま，スプリングバックによる角度変化を図 **4.15** のように表すと，この間の角度変化は式 (4.29) で表される．

$$\varDelta\theta = \theta - \theta_R = \theta\left(1 - \frac{R}{R_R}\right) = \frac{MR}{EI}\theta \qquad (4.29)$$

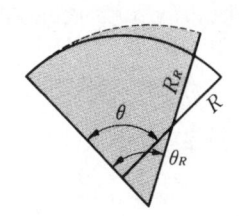

図 **4.15** スプリングバックによる曲げ角の変化

素材が長方形断面で，かつ，弾完全塑性体のときは，I を $I = bh^3/12$ とし，M に式 (4.9) を代入すれば $\varDelta\theta$ が求められる．また応力-ひずみ曲線が $\sigma = F\varepsilon^n$ で与えられる加工硬化材のときには，$\varDelta\theta$ は式 (4.30) で表される．

$$\varDelta\theta = \frac{MR}{EI}\theta = \frac{3}{n+2}\frac{F}{E}\left(\frac{2R}{h}\right)^{1-n}\theta \qquad (4.30)$$

これよりスプリングバックによる角度変化量 $\varDelta\theta$ は，曲げ半径 R が大きくて，板厚が薄いほど大であり，また，E が小さくて加工硬化率が高いほど大きくなる．ここで概略の試算をする場合は，F/E は鋼で 1/300，アルミニウムで 1/500 を用いればよい．

演 習 問 題

1) 曲げにおいて，下記の諸問題を防ぐ方法を調べなさい．
    (1) 板を曲げるときに生じるそり
    (2) 管材を曲げるときに生じる断面不良現象
    (3) スプリングバック

2） 厚さ 1 mm のアルミニウム板を曲げ半径 30 mm，角度 90°に均等に曲げたときのスプリングバック量を計算しなさい。ただし，材料の応力-ひずみ曲線が $\sigma = 147\varepsilon^{0.25}$ MPa，縦弾性係数は 69 GPa とする。

3） 半径 r の円柱状の材料における全塑性曲げモーメントは弾性限界の曲げモーメントの何倍になるか。ただし，この材料は弾完全塑性体とする。

4） 図 **4.16** のような 2 等辺三角形断面の棒を，矢印のように頂角方向に曲げるとき以下の問に答えなさい。この棒材は降伏応力 Y の弾完全塑性体とする。

　（1） 変形開始時の中立面は，底辺から見てどの位置にあるか。

　（2） 頂点の圧縮側が降伏して内部に広がり，ちょうど，底辺の引張側表面が降伏したとき，中立面は，底辺から見てどの位置になるか。

　（3） そのときの曲げモーメントは，いくらになるか。

　（4） 全域塑性状態時の中立面位置と，曲げモーメントはいくらか。

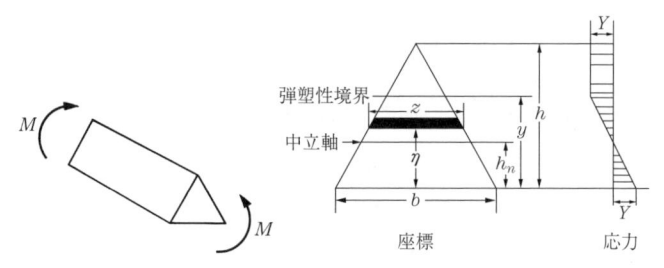

図 **4.16**　2 等辺三角形断面棒の曲げ

5） 幅 b，高さ h の弾完全塑性体のはりがある。この材料を均等に曲げて塑性域が図 4.13(b) の y' まで進展したとき，外表面の残留応力を求めなさい。

6） 問題 5）の材料の弾塑性曲げにおけるスプリングバック量は，下式で与えられることを示しなさい。

$$\frac{\varDelta\theta}{\theta} = 3\frac{Y}{E}\frac{R}{h} - 4\left(\frac{Y}{E}\frac{R}{h}\right)^3$$

5 鍛造加工

　人類が金属を使用するようになってから長い年月が経つが，鍛造加工は村のかじや（鍛冶屋）さんを始めとして古くから利用されてきた加工法である。ではこの鍛造加工は，現代ではどのような加工技術として発展してきたのであろうか。

5.1 鍛造加工の効果と分類

　鍛造加工は，ハンマーとかプレスを使って金型と金型の間で金属材料に圧縮力を加え，いろいろな形に成形する方法である。この加工法は歴史的に古く，当初は刀剣や農機具をつくるのに使われていたが，鉄鋼およびその他の金属の歴史とともに発達し，近代的な種々の鍛造法および連続的加工法としての圧延へと発展した。この意味で鍛造加工法は，金属塑性加工法の源と考えることができ，種々の加工法の基本の加工法となっている。そのため純粋な鍛造法のみとして活用されているケースは，現在では小量生産の場合や，比較的簡単な形状または大形の形状を成形する場合に限られている。

5.1.1 鍛造加工による材質改善効果

　鍛造加工には以下に示す作用により，結晶組織を均一にする効果がある。
　1) 　鍛造加工は，鋳造組織の粗大な柱状晶を破壊し，鋳巣，収縮孔を消滅させ，結晶粒を微細化するとともに，局所的な偏析の拡散均一化を行う。このような鋳造組織の改質のことを，特に鍛錬と呼ぶ。
　2) 　金属を切削せずに目的の形状に成形するため，金属の連続的な流れ

（＝メタルフロー）による連続した繊維組織（＝鍛流線）を持たせうる。

この結果，材料の機械的性質，特に引張強さ，伸び，しぼり，衝撃値などが著しく向上するので，多くの金属は成形のためばかりでなく，当加工により鋳造状態での材質を改善してから，鍛錬材として用いられている。

5.1.2 鍛造加工の分類

鍛造加工をまず加工温度の点から分類すると，再結晶温度以上で行われる熱間鍛造加工法と，常温で行われる冷間鍛造加工法がある。

一方，材料の変形状態から分類すると，開放型を使用して鍛造方向と直角な方向に材料が自由に変形できるようにした**自由鍛造**と，密閉型を使用して材料を型の内部で圧縮成形し，形状を出す**型鍛造**に分けられる。

〔**1**〕 自由鍛造

この鍛造法は図 **5.1** のように分類され，以下の特徴を有する。

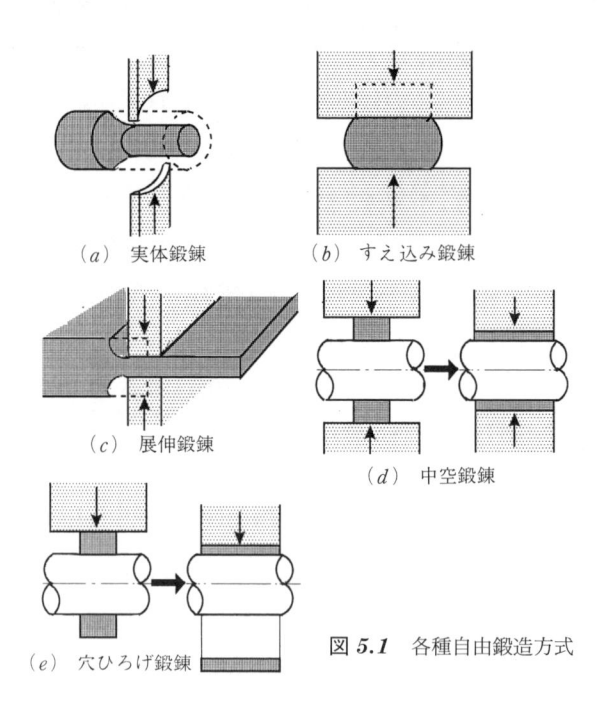

（*a*）実体鍛錬

（*b*）すえ込み鍛錬

（*c*）展伸鍛錬

（*d*）中空鍛錬

（*e*）穴ひろげ鍛錬

図 **5.1** 各種自由鍛造方式

（1） 実体鍛錬：円柱を横にして断面積を減少させ，長さを増加させる鍛造
（2） すえ込み鍛錬：断面積を増加させて，長さを減少させる鍛造
（3） 展伸鍛錬：一方向から圧縮し圧縮に直角な二方向に変形を与える鍛造
（4） 中空鍛錬：中空体の断面積を中空のまま減少させ，長さを増加させる鍛造
（5） 穴ひろげ鍛錬：中空部を拡大する鍛造

〔2〕 型 鍛 造

この鍛造法は製品の形状に彫られた金型の間で素材を圧縮して成形する鍛造法であるが，金型による拘束の程度により図 5.2 のように三つの型に分けられる。この場合，開放型は型による拘束が比較的小さく，自由鍛造に近いので適用される型が限られている。一方，密閉型は材料の逃げる場所がまったくないので，型内の圧力が高くなりすぎる。この結果，同図（ a ），（ c ）いずれの方法も現在では，あまり用いられていない。したがって，通常の場合にいう型鍛造は，材料の一部分が薄いバリとなって逃げるようにした同図（ b ）の半密閉型の鍛造を意味している。この半密閉型鍛造は図 5.3 に示すように，上型と下型の接近により材料の圧縮が進み，材料が型内に充満されて鍛造が進行するが，このとき，余分な材料（＝余肉）は両側にある型合せ面（バリ道またはフラッシュランド）に**バリ**（**フラッシュ**）として出てくる。しかし，このバリは薄いので熱間鍛造のときは，早く冷却して変形抵抗を増し，以後，張り出しに

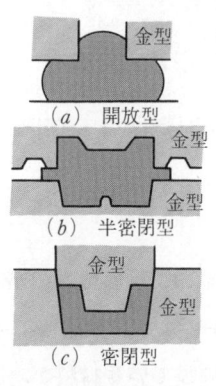

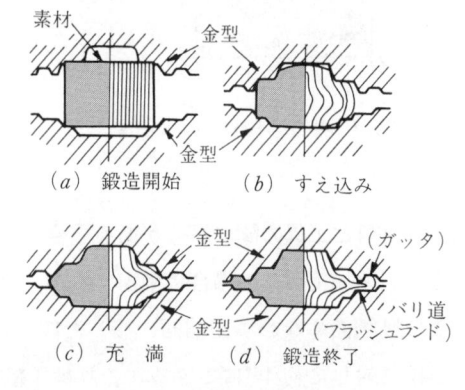

図 5.2 型鍛造方式　　　　図 5.3 型鍛造の変形過程

くくなる。その結果，圧縮力が増大するので，その圧力により型の隅々まで完全に材料が満たされるようになり，成形された全断面にわたって，鍛造効果が十分浸透するという鍛造法である。なお，この場合にできたバリは，成形後切断除去される。

5.2 鍛造加工の基礎

鍛造加工は材料を圧縮加工する方法であるので，ここでは圧縮加工の基礎的事項を，材料の流れ，加工因子，変形抵抗等の点から説明する。

5.2.1 鍛造時の材料変形

圧縮加工における材料の変形を，材料の軸方向圧縮で，かつ圧縮と直角方向に自由に変形する円柱のすえ込み鍛造を例に説明する。

〔**1**〕 **材料と工具の間の摩擦が，きわめて小さい場合**

材料と工具の間に液体潤滑や固体潤滑を用いて十分な潤滑を行った場合，材料は自由に広がることができるので，図 **5.4** のように側面を垂直に保持したまま，高さが圧縮されていく。

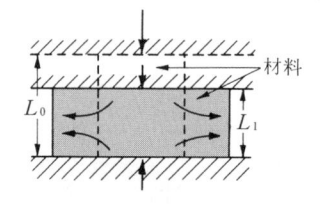

図 **5.4** 摩擦が小さい場合の圧縮   図 **5.5** 圧縮面に発生する不変形部

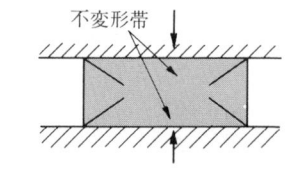

〔**2**〕 **材料と工具の間に摩擦がある場合**

多くの圧縮加工がこの場合に相当するが，材料と工具の接触面に摩擦があると，この接触面すなわち圧縮面に接した部分に図 **5.5** のように変形をしない部分が軸に対して約 45°にできる。これは圧縮面に接触している材料が，圧縮

面の摩擦により拘束され，幅広がりを妨げられるためであるが，この角度は圧縮の進行とともに変化していく．圧縮が大きく進行すると，圧縮面の摩擦が接触面近傍の材料変形を妨げるため，材料は図 5.6 のように**たる形**に変形する．この場合の円すい状の不変形帯はデッドコーンとも呼ばれ，その底角を β，直径を d とすると図 5.6 のようになる．

材料の高さ	変形状態
$L < d \tan\beta$ の場合	たる形の変形
$L > d \tan\beta$ の場合	2 段式のたる形変形

そして，この場合の β は 45°～50°で，材料の温度が高くて流動性がよいほど，また衝撃的より静的な加工であるほど大きくなる．なお，圧縮面の摩擦の影響を少なくするには，良質な潤滑剤を使用し，かつ，一度に大きな圧縮を行うのではなく，途中で圧縮を止め，試験片を取り外し，その都度，潤滑剤を塗り直して圧縮を繰り返すことが必要である．

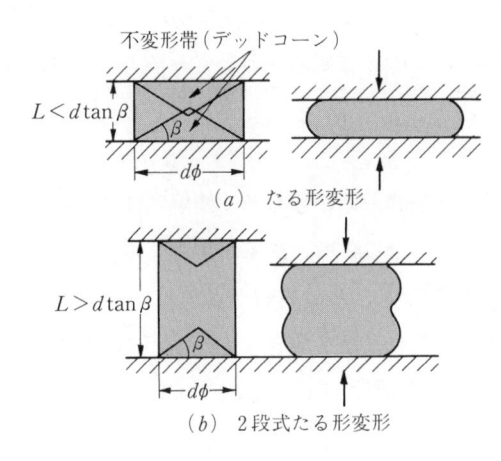

図 5.6 材料のたる形変形

5.2.2 鍛造の加工因子

〔1〕鍛 造 比

鍛造における変形の程度を表すのに鍛造比（鍛錬成形比）が使われる．これは鍛造による材質の改善性を示す値で，鍛造前と後の断面積と長さをそれぞれ A_0, L_0 および A_1, L_1 で表示すると式 (5.1) で定義される．

$$\text{鍛造比} = \frac{A_0}{A_1}, \text{または} \frac{L_1}{L_0} \tag{5.1}$$

この鍛造比が3〜4になると絞り,伸び,衝撃値等のじん性値が著しく改善されるので,この鍛造比が確保されるように多くの材料は鍛造されている。しかし,鍛造比がこれ以上大きくなると横方向のじん性値が逆に劣化するので,注意を要す。

一方,鍛造によって生じた円柱の軸方向,周方向,半径方向の真ひずみをおのおの $\varepsilon_l, \varepsilon_\theta, \varepsilon_r$ とすると,式 (5.2), (5.3) で定義される。

軸方向ひずみ

$$\varepsilon_l = \ln\left(\frac{L_1}{L_0}\right) = \ln\left(\frac{A_0}{A_1}\right) \tag{5.2}$$

周方向・半径方向ひずみ

$$\varepsilon_\theta = \varepsilon_r = -\frac{1}{2}\ln\left(\frac{L_1}{L_0}\right) = -\frac{1}{2}\varepsilon_l \tag{5.3}$$

ここで,$\varepsilon_l, \varepsilon_\theta, \varepsilon_r$ はいずれも主ひずみで,ε_l(軸方向ひずみ)が絶対値最大である。そして,鍛造による変形度はこの絶対値最大のひずみによって表されている。

〔2〕 鍛造温度

金属の鍛造には,熱間状態で行う熱間鍛造が最も多く使用されている。それは,材料の変形抵抗が高温ほど小さくなるので,加工が小さな力で行えるからである。しかし,あまり高温に加熱しすぎると材料がオーバーヒートを起こし,結晶粒が粗大化し,脆性化するため,鍛造できなくなる。このため,材料に応じて**表 5.1** に示されるような加熱温度がよく用いられている。なお,材料の加熱に当たっては,材料を一様に加熱するために予熱が必要であり,材料の中心部と表層の温度差があまり大きくならないよう,急速加熱を避ける必要がある。

また,熱間鍛造に当たっては,材料の加熱温度が低すぎると残留応力が残り,内部割れを生じる。そのため再結晶温度より,やや高め,例えば表 5.1 に示すくらいの温度で鍛造を終了させ,内部ひずみを残さないようにする必要が

表 5.1 鍛造温度例

材 質	加熱温度〔℃〕	鍛造終了温度〔℃〕	材 質	加熱温度〔℃〕	鍛造終了温度〔℃〕
0.1%C 炭素鋼	1 350	850	高速度鋼	1 200	1 000
0.3%C 炭素鋼	1 290	850	アルミニウム	450	300
1.1%C 炭素鋼	1 080	850	銅	870	750
ステンレス鋼	1 250	900	4/6 黄銅	750	620
工 具 鋼	1 150	900	マグネ合金	400	280

ある。

〔3〕 鍛造に必要な力

材料を鍛造しようと思うとき,まず第一にどのような鍛造機械を使うか,特にどのくらいの荷重に耐える鍛造機を使用するかを決める必要がある。この場合の必要荷重の簡易計算法には,式 (5.4) がよく用いられる。

$$P = CkS \tag{5.4}$$

ここで,P:鍛造荷重,k:平均変形抵抗,S:投影接触面積,C:拘束係数 ($1.2 \sim 2.5$) である。

式 (5.4) における定数 C は,素材の形状,型の表面状態,潤滑状態などにより変わるが,詳細は次節 5.3 において理論的に導かれる。ここでは,最も単純な圧縮法の場合について,必要な鍛造荷重の推定方法を以下の例で示す。

【例題 1】 1 000 ℃の温度で高さ $L_0 = 50$ mm,幅 300 mm,奥行 200 mm の直方体状の構造用鋼を,ラム速度 $v = 2$ m/s のプレス機械を用いて,高さ $L_1 = 35$ mm に鍛造する場合に必要な鍛造荷重を求めなさい。なお,この材料の平均変形抵抗は式 (5.5) で表され,式 (5.4) における係数は $C = 1.5$ と仮定する。

$$k_m = 9.58 \exp\left(\frac{3\,137}{T}\right) \varepsilon^{0.21} \dot{\varepsilon}^{0.13} \text{ [MPa]} \tag{5.5}$$

ここで,T は絶対温度〔K〕,$\dot{\varepsilon}$ はひずみ速度を意味する。

【解答】 この場合,材料が受ける真ひずみは

$$\varepsilon = \ln\left(\frac{L_0}{L_1}\right) = \ln\left(\frac{50}{35}\right) = 0.357$$

したがって，この ε を生じるのに要する時間は $(L_0 - L_1)/v = 15/2\,000 = 0.007\,5$ 秒であるので，ひずみ速度 $\dot{\varepsilon}$ は

$$\dot{\varepsilon} = 0.357/0.007\,5 = 47.6/\text{s}$$

$\varepsilon, \dot{\varepsilon}, T = 1\,273\,\text{K}$ を式 (5.5) に代入すると，$k_m \fallingdotseq 150.0$〔MPa〕となる。
いま，素材の体積を V とすると，受圧面積，すなわち投影接触面積 S は

$$S = V/L_1 = 300 \times 200 \times 50/35 = 8.57 \times 10^4 \text{mm}^2$$

そこで，$C = 1.5$, $k_m = 150.0$, $S = 8.57 \times 10^4$ を式 (5.4) に代入すると，必要鍛造荷重 P は以下のようになる。

$$P = 1.5 \times 150.0 \times 8.57 \times 10^4 = 19.3 〔\text{MN}〕$$

5.3 鍛造の理論

鍛造時に必要な荷重の理論的推定法を以下に示す。この方法には，3.6 節に示した種々な手法が考えられるが，ここではスラブ法を用いた初等解析法を示す。この方法は鍛造工具と材料との接触面の応力分布を単純化するために，材料内にスラブ状の微小要素をとり，座標軸方向の応力やひずみをスラブ要素内で均一として，平均値で代表させて解析する一つの解析法であるが，ここでは直方体の塊状ブロックの場合と，円柱の場合の二つの場合について示す。

5.3.1 直方体ブロックの圧縮

平行工具による図 5.7 のような直方体ブロックの圧縮を考える。ここで，直方体の高さを h, 長さを l, 幅を b とし，以下の仮定で理論的考察を行う。
（仮定）
(1) 変形は z 方向の変位が拘束された平面ひずみとする。
(2) 材料は加工硬化のない剛完全塑性体とする。工具もまた剛体とする。
(3) 工具と材料との間にクーロン摩擦が働く。この場合の摩擦係数は μ とする。
(4) 解析に当たってのスラブ要素は図 5.7 のように考える。この場合，x

5.3 鍛造の理論　　97

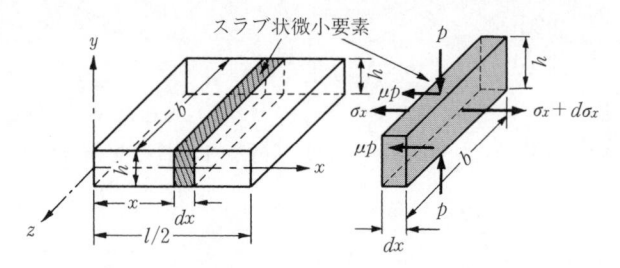

（a）解析に使う直方体ブロック　　（b）スラブ状微小要素にかかる応力

図 5.7　解析に当たってのブロック内の微小要素

方向応力を σ_x，工具圧力を p（圧縮応力なので $-\sigma_y$ と等しい）とする。

〔1〕 **工具面の圧力分布**（すべり領域の場合）

（力の釣合い方程式）

図 5.7 における x 方向の力の釣合いは，式 (5.6) のようになる。

$$(\sigma_x + d\sigma_x)bh - \sigma_x bh - 2\mu pbdx = 0 \tag{5.6}$$

これを整理すると

$$\frac{d\sigma_x}{dx} = \frac{2\mu p}{h} \tag{5.7}$$

（降伏条件）

平面ひずみ条件は，ミーゼスの降伏条件式に代入すると式 (5.8) が得られる。

$$\sigma_1 - \sigma_3 = \frac{2Y}{\sqrt{3}} \tag{5.8}$$

ここで，最大主応力は $\sigma_1 = \sigma_x$，最小主応力は $\sigma_3 = \sigma_y$ なので，式 (5.9) が得られ，仮定 (4) の $\sigma_y = -p$ を式 (5.9) に代入すると，式 (5.10) が得られる。

$$\sigma_x - \sigma_y = \frac{2Y}{\sqrt{3}} \tag{5.9}$$

$$\sigma_x + p = \frac{2Y}{\sqrt{3}} \tag{5.10}$$

(圧力分布)

式 (5.7) と式 (5.10) より，式 (5.11) が得られ，これを積分すると式 (5.12) が得られる．

$$\frac{dp}{dx} = -\frac{2\mu}{h}p \tag{5.11}$$

$$p = C_0 \exp\left(-\frac{2\mu}{h}x\right) \tag{5.12}$$

ここで，C_0 は積分定数である．境界条件は，$x = l/2$ において $\sigma_x = 0$，$p = 2Y/\sqrt{3}$ と考えられるので，これらを式 (5.12) に代入して C_0 を求めると，式 (5.12) は式 (5.13) となる．

$$p = -\sigma_y = \frac{2}{\sqrt{3}} Y \exp\left\{\frac{2\mu}{h}\left(\frac{l}{2} - x\right)\right\} \tag{5.13}$$

この圧力分布を図示すると，図 **5.8** のように中央が最も高い山形となる．この山形は摩擦が大きいほど高くなるので，この山形を**摩擦丘**という．

この場合の圧縮荷重 P は，p を積分すると式 (5.14) として求められる．

$$P = 2b\int_0^{l/2} pdx = \frac{2b}{\sqrt{3}}\frac{h}{\mu}Y\left\{\exp\left(\frac{\mu l}{h}\right) - 1\right\} \tag{5.14}$$

平均圧縮圧力 p_m は P を全面積 ($l \times b$) で割れば式 (5.15) として求められる．

なお，p_m は近似的には，式 (5.16) のように表すことができる．

$$p_m = \frac{P}{lb} = \frac{2}{\sqrt{3}}Y\frac{h}{\mu l}\left\{\exp\left(\frac{\mu l}{h}\right) - 1\right\} \tag{5.15}$$

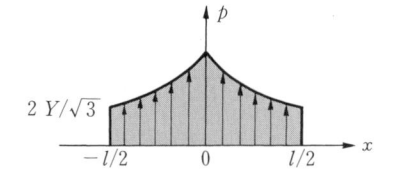

図 **5.8** ブロック圧縮時の圧力分布

$$p_m \fallingdotseq \frac{2}{\sqrt{3}} Y \left(1 + \frac{\mu l}{2h}\right) \tag{5.16}$$

いま,式 (5.15) と式 (5.4) との対応を見るため,式 (5.15) の p_m/Y と l/h の関係を見ると図 **5.9** のようになる。

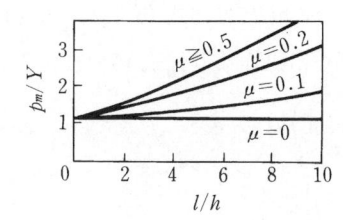

図 **5.9** p_m/Y と l/h の関係

すなわち,平均圧縮圧力の変形抵抗に対する割合は,μ が増大するほど,また l/h が増大するほど,大きくなるが,その値は常温で例えば $\mu = 0.1$ の場合 $1.15 \sim 2.1$ となる。したがって,式 (5.4) において示した C の値は,本理論と一致する。

〔**2**〕 **固着摩擦状態の場合**

摩擦係数 μ が十分大きくなると,工具と材料との間の摩擦応力 τ_f が材料のせん断降伏応力 k と等しいか,あるいはせん断降伏応力よりも大きくなることが考えられる。このようなときには,材料は工具-材料間の接触面で滑るよりも,工具に接した材料内の薄い層内でせん断降伏応力 $Y/\sqrt{3}$ によって滑るほうが,エネルギーが少なくてすむ。この状態を**固着状態**または**付着状態**という。

いま,固着が起こっている領域の中心線からの距離を x_f で示すと,式 (5.17) が成立する。

$$\mu(p)_{x=x_f} = k = \frac{Y}{\sqrt{3}} \tag{5.17}$$

式 (5.13) の x に x_f を代入して $p_{x=x_f}$ を求め,式 (5.17) に代入すると,x_f が式 (5.18) として求められる。

$$x_f = \frac{l}{2} + \frac{h}{2\mu} \ln(2\mu) \tag{5.18}$$

また固着領域での圧力分布は,式 (5.6) の μp を $Y/\sqrt{3}$ で置き換え,式 (5.6)

から式 (5.12) の考え方で求めると式 (5.19) として求められる。

$$p = \frac{2}{\sqrt{3}} Y \frac{1}{h} \left(\frac{h}{2\mu} + x_f - x \right) \tag{5.19}$$

いま，固着領域とすべり領域が図 **5.10** のように存在すると考えると，ブロック全体を圧縮変形させるために必要な荷重 P は，式 (5.19)，(5.13) の圧力分布を積分することで求められるので式 (5.20) より，式 (5.21) となる。

$$P = 2b \left[\frac{2Y}{\sqrt{3}} \frac{1}{h} \int_0^{x_f} \left(\frac{h}{2\mu} + x_f - x \right) dx \right.$$
$$\left. + \frac{2Y}{\sqrt{3}} \int_{x_f}^{l/2} \exp \left\{ \frac{2\mu}{h} \left(\frac{l}{2} - x \right) \right\} dx \right] \tag{5.20}$$

$$\therefore \quad P = \frac{2Y}{\sqrt{3}} \frac{bh}{\mu} \left\{ \left(\frac{1}{2\mu} - 1 \right) + \frac{x_f}{h} + \mu \left(\frac{x_f}{h} \right)^2 \right\} \tag{5.21}$$

したがって，この場合の平均圧縮圧力 p_m は式 (5.22) として求められる。

$$p_m = \frac{P}{lb} = \frac{2Y}{\sqrt{3}} \frac{h}{\mu l} \left\{ \left(\frac{1}{2\mu} - 1 \right) + \frac{x_f}{h} + \mu \left(\frac{x_f}{h} \right)^2 \right\} \tag{5.22}$$

なお，全域が固着とすると $x_f = l/2$ なので，$\mu = 0.5$ とすると式 (5.19) は式 (5.23) となる。

$$p = \frac{2Y}{\sqrt{3}} \left(1 + \frac{\frac{l}{2} - x}{h} \right) \tag{5.23}$$

また，この場合の平均圧縮圧力 p_m は式 (5.24) となる。

$$p_m \fallingdotseq \frac{2Y}{\sqrt{3}} \left(1 + \frac{l}{4h} \right) \tag{5.24}$$

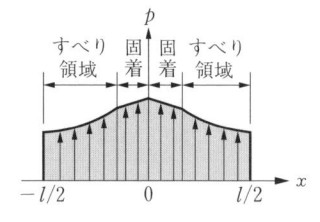

図 **5.10** 固着域とすべり領域の圧力分布

【**例題2**】 図 **5.11** に示すような傾斜型による平面ひずみ圧縮の場合，型に生じる平均圧力を求めなさい。ただし，固着は生じないものとし，材料はミー

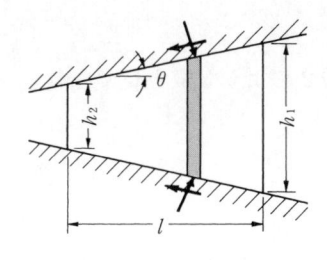

図 **5.11** 傾斜した工具による圧縮

ゼスの降伏条件に従うものとする。

【解答】 傾斜角 θ が小さいとして $\sigma_x, p = -\sigma_y$ を主応力と考える。紙面に垂直な幅を b とすると x 方向の力の釣合いから

$$(\sigma_x + d\sigma_x)(h + dh)b - \sigma_x bh + 2bdx \sec\theta (p\sin\theta - \mu p\cos\theta) = 0$$

となる。ここで $dx = (dh/2)\cot\theta$ なので，降伏条件式に代入して整理すると

$$\frac{dp}{dh} - \frac{2Y}{\sqrt{3}}\frac{1}{h} + \frac{\mu p \cot\theta}{h} = 0$$

を得る。これに $\mu\cot\theta = B$ とおいて積分すると

$$h^B p = \frac{2Y}{\sqrt{3}}\frac{h^B}{B} + C$$

となる。ここでの積分定数 C を境界条件 $h = h_1$ で $p = 2Y/\sqrt{3}$，$\sigma_x = 0$ から求め整理すると

$$p = \frac{2Y}{\sqrt{3}}\frac{1}{B}\left\{1 - (1-B)\left(\frac{h}{h_1}\right)^{-B}\right\}$$

となる。平均圧力は次式となるが

$$p_m = \frac{P}{lb} = \frac{2b}{lb}\int_0^{l/2}(p\cos\theta + \mu p\sin\theta)\sec\theta dx$$

$(dh/2)dx = \tan\theta, h_1 - h_2 = l\tan\theta$ の関係から，けっきょく，次式が得られる。

$$p_m = \frac{2Y}{\sqrt{3}}\left(\frac{\tan\theta}{\mu} + \tan^2\theta\right)\frac{1 - \left(\frac{l}{h_1}\right)\tan\theta}{\left(\frac{l}{h_1}\right)\tan\theta}$$

$$\times \left\{\left(1 - \frac{l}{h_1}\tan\theta\right)^{-\mu\cot\theta} - 1\right\}$$

5.3.2 円柱の圧縮

円柱内の任意の半径 r の位置に図 **5.12** のような微小要素を考え，上下の面圧を p，その面上での摩擦係数を μ とする．

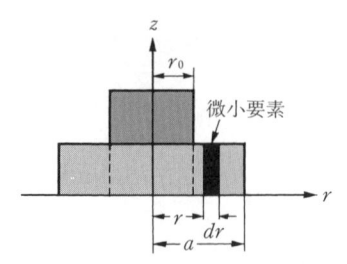

(a) 円柱の断面と微小要素の関係

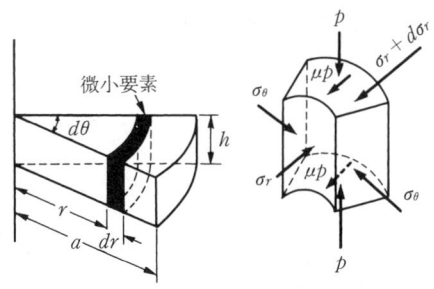

(b) 微小要素の立体図　(c) 微小要素における応力の釣合関係

図 **5.12** 解析に当たってのブロック内の微小要素

(円柱の圧縮における応力とひずみ)

半径方向，円周方向，高さ方向のひずみをおのおの $\varepsilon_r, \varepsilon_\theta, \varepsilon_z$ とする．いま，変形前に半径 R にあった任意の点が，変形中に r になった状態を考えると，$\varepsilon_r, \varepsilon_\theta$ は式 (5.25) で与えられる．

$$\varepsilon_r = \ln \frac{dr}{dR}, \quad \varepsilon_\theta = \ln \frac{r}{R} \tag{5.25}$$

そこで，体積一定の条件 $\varepsilon_r + \varepsilon_\theta + \varepsilon_z = 0$ に式 (5.25) を代入して，積分すると式 (5.26) が得られる．

$$\ln \frac{dr}{dR} + \ln \frac{r}{R} + \varepsilon_z = 0$$

$$\therefore \quad R^2 = r^2 \exp(\varepsilon_z) + C_1 \tag{5.26}$$

ここで，C_1 は積分定数であるが，$r=0$ で $R=0$ を代入すると $C_1=0$ となる。したがって，式 (5.26) は式 (5.27) となる。

$$R^2 = r^2 \exp(\varepsilon_z) \qquad \therefore \quad \varepsilon_z = 2\ln\left(\frac{R}{r}\right) \tag{5.27}$$

この関係を式 (5.25) に代入すると，式 (5.28) の $\varepsilon_r, \varepsilon_\theta$ が求められる。

$$\varepsilon_r = -\frac{1}{2}\varepsilon_z \left(=\ln\frac{dr}{dR}\right), \quad \varepsilon_\theta = -\frac{1}{2}\varepsilon_z \left(=\ln\frac{r}{R}\right)$$

$$\therefore \quad \varepsilon_r = \varepsilon_\theta = -\frac{1}{2}\varepsilon_z \tag{5.28}$$

したがって，式 (3.68) の偏差応力とひずみの関係から

$$\sigma_\theta = \sigma_r \tag{5.29}$$

が得られる。

〔**1**〕 **工具面の圧力分布**（すべり変形の場合）

（力の釣合い方程式）

半径方向の力の釣合い方程式は，図 *5.12* より

$$\sigma_r rh d\theta + 2\sigma_\theta h dr\left(\frac{d\theta}{2}\right) = 2\mu p r dr d\theta + h(\sigma_r + d\sigma_r)(r+dr)d\theta$$

$$\therefore \quad \frac{d\sigma_r}{dr} + \frac{\sigma_r - \sigma_\theta}{r} + \frac{2\mu p}{h} = 0 \tag{5.30}$$

が得られる。

（降伏条件）

図 *5.12* の状態における降伏条件式は，ミーゼスあるいはトレスカの降伏条件式から式 (5.31) となる。

$$p - \sigma_r = Y \tag{5.31}$$

（圧力分布）

式 (5.31) より $dp = d\sigma_r$ が得られるので，これと式 (5.29) を式 (5.30) に代入すると式 (5.32) となる。

$$\frac{dp}{dr} = -\frac{2\mu p}{h} \tag{5.32}$$

この式を積分して，外半径 $r=a$ で $\sigma_r=0$，すなわち $p=Y$ という境界条

件を用いると，圧力分布は式 (5.33) として求められる．

$$p = Y \exp\left\{\frac{2\mu}{h}(a-r)\right\} \tag{5.33}$$

したがって，全断面の平均圧縮圧力 p_m は式 (5.34) によって求められるので，この場合の p_m は式 (5.35) となる．

$$p_m = \frac{\int_0^a 2\pi r p \, dr}{\pi a^2} \tag{5.34}$$

$$p_m = \frac{1}{2}\left(\frac{h}{\mu a}\right)^2 \left\{\exp\left(\frac{2\mu a}{h}\right) - \frac{2\mu a}{h} - 1\right\} Y \tag{5.35}$$

ここで，$(2\mu a/h) \ll 1$ のときは，式 (5.36) が近似式として与えられる．

$$p_m \fallingdotseq \left(1 + \frac{2\mu a}{3h}\right) Y \tag{5.36}$$

〔**2**〕 **固着摩擦状態の場合**

工具面と材料の間の摩擦力が大きくなり，材料のせん断降伏応力 k 以上になると，材料は工具面に固着し，工具面近くで材料の内部層にせん断変形が起こる．

いま，$r = r_f$ のところまで式 (5.37) の条件が成り立つとすれば，式 (5.33) より式 (5.38) が得られる．

$$\mu(p)_{r=r_f} = k = \frac{Y}{\sqrt{3}} \tag{5.37}$$

$$r_f = a - \frac{h}{2\mu}\ln\left(\frac{1}{\sqrt{3}\mu}\right) \tag{5.38}$$

この結果，$r_f \geqq r \geqq 0$ の範囲で固着，$a \geqq r \geqq r_f$ の範囲ではすべりが起こることになる．なお，固着領域での圧力分布は，式 (5.32) の μp に $Y/\sqrt{3}$ を代入して積分し，$r = r_f$ で $p = Y/(\mu\sqrt{3})$ の境界条件を使うと式 (5.39) として得られる．

$$p = \frac{2Y}{\sqrt{3}h}(r_f - r) + \frac{Y}{\sqrt{3}\mu} \tag{5.39}$$

また，全断面の平均圧縮圧力 p_m は，接触面の圧力分布である式 (5.33)，

(5.39) を式 (5.34) に代入すると式 (5.40) として求められる。

$$p_m = \left[\frac{1}{2}\left(\frac{h}{\mu a}\right)^2 \left\{\left(\frac{2\mu r_f}{h} + 1\right)\frac{1}{\sqrt{3}\mu} - \frac{2\mu a}{h} - 1\right\}\right.$$
$$\left. + \left(\frac{r_f}{a}\right)^2 \left(\frac{1}{\sqrt{3}\mu} + \frac{2}{3\sqrt{3}}\frac{r_f}{h}\right)\right] Y \tag{5.40}$$

なお，全域が固着領域になった場合の平均圧縮圧力 p_m は式 (5.41) で求められる。

$$p_m = Y + \frac{2}{3}\frac{Y}{\sqrt{3}}\left(\frac{a}{h}\right) \tag{5.41}$$

5.4 鍛 造 機 械

鍛造加工は塑性加工技術として最も古くから用いられてきたが，その場合に使用されている機械は，外力の加え方によって表 5.2 のように大別される。

表 5.2　鍛造機械の分類

荷重形態	鍛造機械の総称	具 体 的 機 械 例
静圧荷重	液圧プレス	水圧プレス，油圧プレス
動圧荷重	機械プレス	クランクプレス，エキセンプレス ナックルプレス，フリクションプレス
衝撃荷重	ハンマー	ドロップハンマー，ボードハンマー 加圧ハンマー，相打ハンマー

5.4.1　液圧プレス

液圧プレスは水や油などの高圧液体を図 5.13 のようにシリンダーの中に導き，ラムを駆動する形式のプレスであり，その特徴は以下のようである。

(1) シリンダー径を大きくすることにより，非常に大きな力を発生させることができるので，この特性を利用して 50 MN（約 5 000 tf）以上の超大型の鍛造プレスに用いられる。

(2) 液圧プレスは全ストロークにわたって一定の圧力を発生することがで

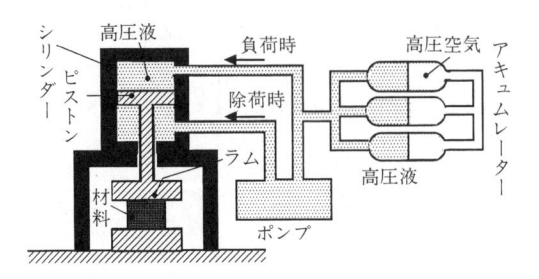

図 5.13 液圧プレス

きるので，加工ストロークの長い機械をつくることができる。したがって，長尺物の押出しや，材料ごとに高さが大きく変化したり，加圧の最低位置が変わるという具合に加圧形態が絶えず変わる場合には，当プレス方式は有効である。

（3） 液圧プレスの負荷速度は低速であるため，騒音や振動の発生が比較的小さい。この特徴を利用して，公害が問題となる自由鍛造には多く用いられる。

（4） 加工速度が遅いという欠点がある。このため，液圧をポンプにより直接発生させる直接駆動方程式ではなく，図 5.13 のようにアキュムレーターに高圧の液を貯め，加工時に開放することにより，加工速度を高めるアキュムレーター駆動方式の設備もある。

以上のような特徴を備えた液圧プレスは，小型から大型まで広く実用されているが，特に大型の場合は，鉄道用の一体車輪の型鍛造用として 50〜90 MN（約 5 000〜9 000 tf）のプレスとか，飛行機用の軽合金大型部品のように大面積で大きな成形荷重を要すプレス用として 500 MN（約 50 000 tf）という大型のものもある。

5.4.2 機械プレス

機械プレスは，モータの回転力を機械的にラムの往復運動に変換して行うプレス機の総称をいう。この場合，回転運動の往復運動への変換方法によって，クランクプレス，エキセンプレス（クランクレスプレス），ナックルプレス，フリクションプレス等に分類される。これらのプレス機は，生産性が高く，能

力も60 MN（約6 000 tf）程度のものもできるので，クランクなどの自動車部品の熱間鍛造用としてよく使用される。また，ボルトやナットをつくるためのヘッダや，トランスファ機構で順次加工するホーマも，冷間または熱間加工で行うのに使用される。近年，特に冷間鍛造用のプレスが進歩し，比較的小さな部品を大量生産するのに広く利用されだした。しかし，機械プレスの加圧力は，下死点から離れるに従い急激に減少するため，長いストロークや加工初期に大きなプレス力を必要とする鍛造用としては不向きである。以下に代表的な機械プレス機の概要を示す。

〔1〕 **クランクプレス**

クランクシャフトの回転運動をラムの往復運動に変えて材料を加圧し，成形する図 *5.14* に示す設備をいう。このプレス機はクランク軸の強度によってトルクが制限を受け，連結棒やフレームの強度によって，加工力が制約を受ける。加工ストロークが短くなると，上下死点近傍での出力を非常に大きくすることができるので，この設備は加工ストロークが短い後方押出しや，加工の進行とともに加工力が増大するせん断，すえ込み，圧印などの加工に適している。一般に，クランクプレスは数 MN（約数 100 tf）までの小型・中型部品の大量生産用によく用いられている。

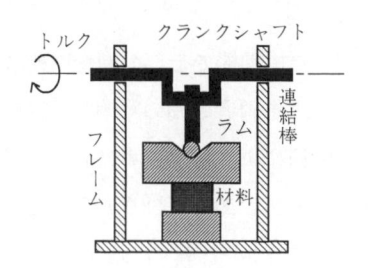

図 *5.14*　クランクプレス

〔2〕 **エキセンプレス**（クランクレスプレス）

クランク軸の代わりに偏心軸の上下運動を利用する，図 *5.15* のようなプレス機である。太い軸を用い，剛性が大きいので数 MN（約 数 100 tf）から数 10 MN（約 数 1 000 tf）のプレスに用いられる。なお，当プレスは熱間およ

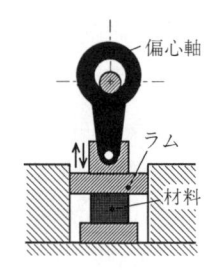

図 5.15 エキセンプレス
（クランクレスプレス）

び冷間において鍛造加工後のバリ取りプレスとしても利用される。

〔3〕 ナックルプレス

図 5.16 のようなトグル機構で作用するプレス機をいう。このため，下死点付近における力が大きく，加圧速度が小さいので加工ストロークの小さい場合の加工に用いられる。したがって，冷間鍛造用プレスなどに用いられる。

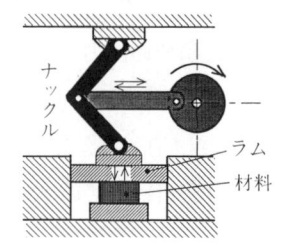

図 5.16 ナックルプレス

〔4〕 フリクションプレス

このプレス機はまず，図 5.17 のように電動機で上部の回転円盤を回し，その回転円盤に押し付けられているはずみ車を両者の間の摩擦力で回転する。そして，このはずみ車の回転運動をねじ機構によりはずみ車に直結している垂直スクリューシャフトの上下運動に変え，素材の加圧を行うものである。したがって，このプレス機は機構上，加圧力が比較的小さく，通常 1～10 MN（約 100～1 000 tf）程度のものが多いが，1 回の作業ストローク中，繰り返して素材に圧縮力を加えることができる特徴がある。

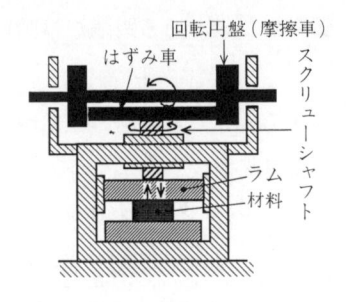

図 5.17 フリクションプレス

5.4.3 ハンマ

ハンマは，最も古くから用いられてきた塑性加工機械である．人類は物を加工するのに石器などのハンマを手に持って利用していたが，しだいにより重いハンマを動かすために家畜や水力が用いられだし，産業革命以後では蒸気などの動力を用いた機械設備へと発展していった．この設備は，上型あるいはラム等のハンマを有し，これが図 5.18 ～ 図 5.20 に示すように圧縮空気，蒸気，ボード（板），ベルトやチェーン等によって持ち上げられた後，自由落下あるいは初速を与えられて落下され，材料を成形する鍛造機である．すなわち，当方式はハンマの運動エネルギーを材料の変形エネルギーに変換することを基本原理とする方式であるが，つぎの三つの形式に大別される．

（1） 重力だけによる自由落下ハンマ
（2） 外力を加えて加速落下させる加圧ハンマ
（3） 上下のラムを相打ちさせる相打ちハンマ

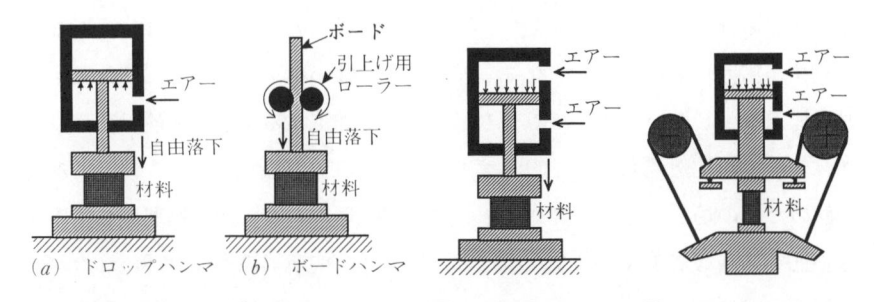

(a) ドロップハンマ　(b) ボードハンマ

図 5.18　自由落下ハンマ　　図 5.19　加圧ハンマ　　図 5.20　相打ちハンマ

したがってこの方式はハンマが素材に衝突した後，ある距離だけ動いて止まる。

通常の成形の場合，ハンマの速度は 3〜7 m/s で多数回の打撃が行われるが，高速ハンマでは 10〜30 m/s という高速度で大きなエネルギーを与え，一回の打撃で行われる場合もある。このようにハンマは成形速度が速いため，材料と工具の接触時間が短く温度変化が小さく，かつ小型で安価な機械で比較的大型の製品も加工できるので，熱間の自由鍛造や型鍛造に広く用いられている。しかし，騒音や振動が大きく，加工精度もあまりよくないため，最近ではしだいにプレス機のほうへと移る傾向にある。

5.5 鍛造方式と鍛造作業

鍛造加工の分類は 5.1 節に示したが，本節では鍛造加工において，実際の作業に則した分類である熱間鍛造，冷間鍛造，回転鍛造について，その成形原理と成形法を中心に説明する。

5.5.1 熱間鍛造

熱間鍛造は，素材を再結晶温度以上に加熱し，その後，加圧または打撃して成形する鍛造で，高温による低い変形抵抗と良好な変形能を利用した低荷重の成形法である。同時にこの加工により結晶粒の微細化，組織の均一化が図れるので機械的性質が著しく改善されるという特徴がある。したがって，この鍛造法は多くの分野で活用されてきた。この場合，材料の温度が高くなりすぎると結晶粒が粗大化するばかりでなく，延性やじん性が低下するので，割れ発生や材質低下が生じない範囲で，できるだけ高温で加工するように加熱温度が設定される。この加熱温度は一般的には，前記，表 5.1 の温度が使用されている。加熱のための炉としては，プッシャー炉，回転炉のような連続処理炉が使われる。加熱後，鍛造工程に入り，粗打ち，仕上げ，切断等の作業が行われる。

鍛造方式としては，5.1 節に示した自由鍛造と型鍛造がある。自由鍛造は船

舶用の大型クランクシャフト，発電機のローター，原子炉用の圧力容器などで，その重量が5 MN（約500 tf）にもなる大型の製品から，100 N（約10 kgf）程度の小型のものまで広範な製造に利用されている．一方，型鍛造は公差が厳しく，複雑な形状の鍛造に適し，かつ余肉が少ないので歩留りがよいという特徴を有している．しかし，自由鍛造よりも加工力が高くなるので，剛性の高いプレス機を必要とする上，型の製作費が高く，取付けに時間を要するので，大量生産を行う場合でないと向かない．したがって，この鍛造法には100～500 MN（約10 000～50 000 tf）という大型のプレスを用いた航空機部品の軽金属鍛造のように薄くて広い形状のものとか，数Nと小容量ではあるが精密な部品の鍛造に用いられている．なお，鍛造に当たっては，金型は150°～200°Cに予熱され，金型の破損の防止および鍛造素材の温度低下を少なくする．また多くの場合，コロイド状グラファイトの潤滑材を用いて鍛造品の型離れをよくすると同時に金型の磨耗低減が図られる．

5.5.2 冷間鍛造

冷間鍛造は，熱間鍛造のような加熱装置を必要としない上，表面に厚い酸化膜を生じないので表面の仕上げ状態や，寸法精度もよい．その上，製品の機械的強度が増大し，後加熱を行う必要もない場合が多いので，近年，小型部品の大量生産によく用いられるようになり，ボルト，ナット，ねじ類を始めとして，種々の自動車部品，建設機械等の各種機械部品，電気機器部品を成形するのに活用されるようになった．なお，冷間鍛造は，押出し，すえ込み，圧印加工，あるいはそれらを組み合わせた成形法の総称であるが，冷間押出し加工については後述するので，ここでは他の二つの成形法について述べる．

〔1〕 冷間すえ込み加工

すえ込み加工は長軸方向の圧縮加工であるが，多くの場合，素材の一部または端部を太める部分成形加工として行われている．代表的すえ込み加工は，棒または線材の頭をたたいてすえ込み，釘，リベット，小ねじ，ボルトなどをつくる**造頭加工**（ヘッディング）である．この方法は多くの場合，半切の金型を

用い，可動ダイスと固定ダイスの間に材料をつかみ，アップセッタのクランク運動によりヘディングポンチで圧縮成形をするので，この方法はアップセッタといわれている。この場合，素材は図 **5.21** に示すようにダイスの間から長さ H だけ出してつかみ，ボルト頭部状に成形する。しかし，H が長すぎると座屈が生じるので，座屈が生じないようにすえ込み加工をするためには，すえ込み長さ H を素材直径 d と関連して，(*1*) 1段打ちヘディング加工の場合：$H \leqq 2.5\,d$，(*2*) 2段打ちヘディング加工の場合：$H \leqq 4.5\,d$，(*3*) 3段打ちヘディング加工の場合：$H \leqq 6.5\,d$ に制限する必要がある。なお，特殊な大型頭部に対しては，7段打ち程度まで多段打ちされることもある。また6角ボルトのような6角の頭は，丸くすえ込んでおいて，6角の孔のあるダイスでせん断により成形される。

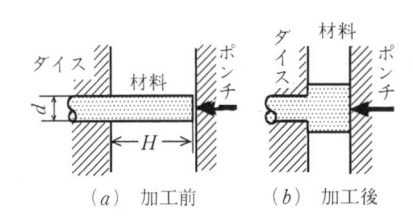

図 **5.21**　1段打ちヘディング加工

〔*2*〕 圧印加工（コイニング），エンボス加工

圧印加工は，密閉型鍛造の一種で，バリを出さないようにして貨幣，メダル，金属装飾品等の比較的薄肉の材料表面に模様や文字などを刻印するのに使われる図 **5.22**(*a*)の加工法をいう。一方，エンボス加工は材料に凹凸を付ける同図(*b*)の加工であるが，自由鍛造により材料を密閉することなしに，同一の厚さで凹凸をつくる加工法である。

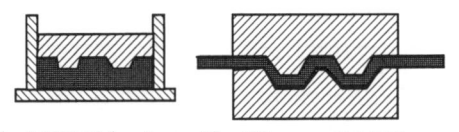

図 **5.22**　基本的な圧印加工法

5.5.3 回 転 鍛 造

素材または工具（ロール）を回転させて成形する鍛造法を総称して**回転鍛造**という。この加工法は，鍛造に比較して騒音や振動が少なく，機械容量が小さくてすむ上，切削により取り除くのではなく，部分的塑性加工で形を成形するので，低い加工力で連続した繊維組織が得られ，機械的性質が向上する。また切り屑を出さないため素材も節約され，比較的精度のよい，均一な製品を多量に生産するのに適している。代表的回転鍛造法はねじ，歯車，フィン等の**転造**，丸棒やパイプの**ロータリスェージ加工**，孔型を彫ったロールによる**ロール鍛造**，丸棒を回転させながら直径を減少させるように圧延する**クロス・ローリング**などがある。これらのうち，ここでは最も広く活用されている転造とロータリスェージ加工の概説に留める。

〔**1**〕転　　造

転造加工は，円柱素材を回転できる状態にして，表面に凹凸のある工具を押し付け，工具の形に対応する凹凸形状を材料に付ける加工法である。転造は主としてねじの転造と，歯車の転造に利用されている。

（**1**）**ねじの転造**　　小ねじ，ボルトなどのはん用ねじは，以前は切削加工でつくられていたが，転造技術の発達により，最近におけるねじの製造は転造加工が主流となった。ねじの転造方式には**図 5.23** に示すように，平形転造ダイス方式と丸形転造ダイス方式がある。前者は，一対の平形転造ダイスの一方を固定し，他方を往復運動させ1回の往復で素材からねじ成形を終える方法であり，後者は二つのダイの軸を平行にし，それぞれを同一方向に同期回転させ

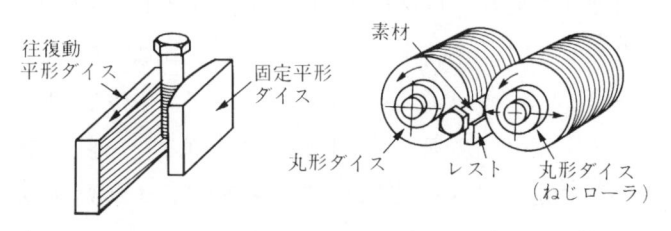

　　　　(*a*)　平形転造ダイス方式　　　　　(*b*)　丸形転造ダイス方式

図 **5.23**　代表的ねじの転造方式

ているところへ素材を装入し，所望の形状のねじを付ける方式である。

(2) 歯車の転造 歯車の転造は，図 **5.24** に示すようにラック形工具による方式と，ピニオン形工具による方式とに大別される。ラック形工具による方式は，素材を挟んで，たがいに平行に対向したラック形の転造工具に，往復運動を与えながら素材に圧力を加えるもので，素材はラック間で転動しながら表層が塑性変形を受けて盛り上がり，しだいに歯形が形成される方式である。一方，ピニオン形工具による方式は，ピニオン（小歯車）とギアーとのかみ合いの関係と同じ具合に素材の外周に工具の歯形を転造する方式である。この方式は，ピニオン形工具が普通の歯車の形状である上，工作も容易であるので，ラック形工具による場合よりも大きなギアーの製作に向いている。

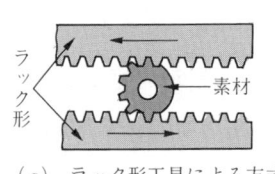

　　　　(a) ラック形工具による方式 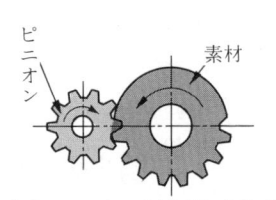　　　　(b) ピニオン形工具による方式

図 **5.24**　歯車の転造方式

〔**2**〕 **ロータリースウェージング**

ダイスを回転しながら，棒や管および線の直径を減少したり，種々の成形をするのに使われる方式として図 **5.25** に示す**ロータリースウェージング**がある。この方式は回転主軸によってハンマーとダイスが回転する構造で，回転数が速くなるとともに急速にダイスが開閉して中心に置かれた棒が直径方向に加圧・鍛造されるとともに，軸方向に延ばされていく加工法である。この場合のダイスの開閉は，ハンマーが遊星ロールの位置にくると中心に向かって押されて閉じ，ダイスは圧縮作用を起こす。またハンマが遊星ロールから離れると，ダイスは遠心力で開き，もとに戻るという機構である。この場合のダイスは 2 個または図 **5.25** のように 4 個のものがある。そして，ロールの数と回転数で打撃数が決まるので，1 分間に数千回の打撃も可能である。この方法によれ

ば，一定径の製品ばかりでなく，長いもののテーパ成形も行える．また，打撃場所が重複するので製品表面は滑らかであり，比較的延性に乏しく，割れの起りやすいような材料でも加工ができるという特徴がある．

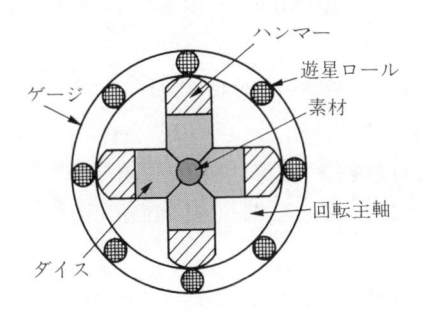

図 5.25 ロータリースウェージング方式

演 習 問 題

1）直径10 cm，高さ20 cmの円柱状の鉄鋼素材を，工具と素材の間の摩擦係数が $\mu = 0.3$ となるようにして自由鍛造した．このときの平均変形抵抗 $k_m = 500$ MPaで，拘束係数 C が下式で示されるとしたとき，素材高さを10 cmにするのに必要な概略プレス能力を推定しなさい．

$$C = \left(1 + \frac{d}{h}\mu\right), d, h：各時点の直径と高さ$$

2）変形抵抗 k_f が下式で表される厚み80 mm，幅80 mm，奥行き200 mmの直方体の鋼塊を，奥行き方向の変形を拘束して平面ひずみ状態とし，温度1 000 ℃，ラム速度1 m/sの条件で，厚み60 mmまですえ込み鍛造をした．

$$k_f = k' \, \varepsilon^m \, \dot{\varepsilon}^n \, e^{A/T} \, [\text{MPa}]$$

ここで，$k' = 10.81$，$m = 0.13$，$n = 0.21$，$A = 2\,900$，T：温度〔°K〕

（*1*）圧縮方向の公称ひずみと真ひずみを求めなさい．

（*2*）このひずみにおける変形抵抗と平均変形抵抗を求めなさい．

（*3*）摩擦係数 $\mu = 0.3$ であったときの平均鍛造圧力と，鍛造荷重を求めなさい．

3）半径が5 mm，高さが10 mmの円柱がある．この材料を $\mu = 0.1$ の摩擦条件で高さを8 mmまで圧縮したとき，以下の問いに答えなさい．ただし，この材

料の加工硬化特性は下式で与えられるとする．

$$\bar{\sigma} = 200 + 500\bar{\varepsilon}^{0.3} \text{ [MPa]}$$

（1） この圧縮変形における固着の有無を検討し，必要圧縮力を求めなさい．

（2） この圧縮のとき，摩擦せん断応力 τ_f が 100 MPa と一定であった場合，圧縮力はどうなるか．

4） いま，高さが 300 mm，直径 600 mm の円筒状の鋼のビレットを，以下の条件で高さが初めの 80 % になるよう圧縮した．

（1） 良好な潤滑油を用いて，$\mu = 0.05$ の摩擦で室温における圧縮をした．このときの平均変形抵抗は 530 MN/m² であるとして，必要な圧縮荷重を求めなさい．

（2） 900 ℃で圧縮した場合，固着摩擦状態となり平均変形抵抗は 60 MN/m² であった．このときの圧縮荷重を求めなさい．

5） 内半径 40 mm，外半径 50 mm，厚さ 10 mm のリングを平行板で圧縮したとき，リングの内側に向かって流れる材料と，外側に向かって流れる材料の境の半径（中立点という）を求めなさい．なお，ここで $\sigma_r = \sigma_\theta$ としてよい．

6） 図 5.26 は内開きの V 型ダイスによるすえ込み鍛造の過程を示す．平均のすえ込み圧力 p_m を求めなさい．ただし，この材料は降伏応力が $2k$ の完全塑性体とし，全接触面ではすべり摩擦で，平面ひずみ変形とする．また θ はあまり大きくないとする．

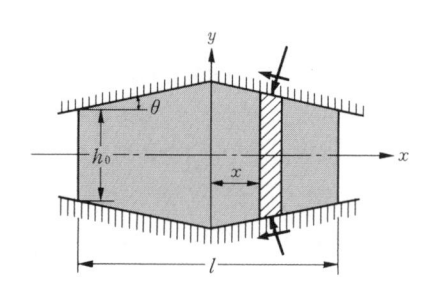

図 5.26 内開きの V 型ダイスによる鍛造

6 圧延加工

　第2次加工の素材となる多くの板材，形材，棒・線材，管材は圧延加工により製造される。この加工法を用いると製品を精度よく，大量に，高速に生産できるため，当加工法は金属業界にとって不可欠な加工法である。
　本章では，この圧延加工法による素材の製造方法とその技術ポイントを鉄鋼材料を中心に見ていく。

6.1 概　　説

　圧延加工は，回転するロールの間に板状，角状，棒状の金属材料を通してその厚みや断面積を減少し，板材，形材，管材，棒材，線材を成形する加工法である。この圧延法は，16～17世紀において金貨や装飾品をつくるのに用いる板を成形する方法として使用されていたが，20世紀に入って鉄鋼材料の成形方法として鉄鋼業に広く活用されるようになり，設備的にも，操業的にも大きく飛躍して，現在に至っている。その結果，板材の場合，板幅は最大 5.5 m という広幅も，板厚は 10 分の数 mm から 300 mm という広範囲にわたる製造が可能となり，板の長さもストリップミルと呼ばれるタンデム式連続圧延機により，コイル状に巻いた長さ数 km の帯鋼まで製造できるようになってきた。その上，圧延速度は鋼板の熱間圧延で約 1 500 m/min，冷間圧延で約 2 500 m/min，線材の場合は約 6 000 m/min と驚くべき高速度で成形できるようになってきた。
　このように現在では，圧延法の活用範囲はきわめて広くなり，設備として

も，操業としても専用化する必要が生じてきた．専用化は成形時の温度，圧延形状，圧延設備機能等の点から行われた．例えば，圧延温度の点からは，材料を再結晶温度以上の高温に加熱して圧延する熱間圧延と，常温で圧延する冷間圧延に分けられた．圧延材の形状の点からは，分塊圧延，厚板圧延，薄板圧延，形材圧延，棒・線材圧延，管材圧延などに分けられた．**表 6.1** は圧延の種類と製品の形状・用途を示したものである．一方，圧延設備を圧延機の種類の点から見ると，2重式，2重逆転式，3重式，4重式，4重逆転式，さらに

表 6.1 圧延の種類と製品の形状・用途

圧延の種類	圧延製品		おもな用途
厚板圧延	厚板 (6 mm 厚以上)		造船用鋼板，石油輸送管用原板 大型構造物用鋼板など
熱間薄板圧延	熱延切板		一般構造用鋼板，車両， 自動車フレーム， 冷間圧延鋼板と溶接管の素材など
	熱延 コイル		
冷間薄板圧延 (素材は熱延 コイル)	冷延切板		自動車用外板，スチール家具， 家庭電気製品， ブリキや亜鉛メッキ鋼板の素材 など
	冷延 コイル		
ユニバーサル圧延	H(I)形鋼		土木建築用鋼材， 一般構造用鋼材 など
形鋼圧延	鋼矢板		
せん孔圧延	シームレス管		石油輸送管
棒・線材圧延	棒鋼		機械構造用鋼材，ボルト，くぎ ばね，ワイヤロープ， タイヤコードなどの素材
	線		

ロール数が6個，12個，20個という多ロール式まで現れた上，それらの配列も圧延機を数多く，直列に並べたタンデム方式にまで発展した。

以上の結果，圧延法は圧延加工の（1）連続して大量生産を行える，（2）長尺で精度の高い製品を製造することが可能である，という特色を生かして，金属工業では不可欠な加工法となった。特に，鉄鋼業においては製銑-製鋼-圧延，非鉄金属関係でも溶解-圧延というような基本製造工程としての地位を占め，金属技術者は十分理解しておくことが必要な加工法である。

6.2 圧延加工の基礎

6.2.1 圧延の変形機構

〔1〕 熱間圧延の場合

熱間圧延は圧下率が大きく，かつ，ロールと材料の間の摩擦係数が大きい。したがって，この場合の変形状況をプラスチシンと呼ばれる油粘土を用いて調べると，図 *6.1* のようになる。すなわち，板厚方向の断面から見ると，圧延前は碁盤目で交互に色が変わったプラスチシンが，圧延されると，圧延方向と反対に弓なりに曲がった状態で板厚が薄くなる。この状況をより詳しく見ると，ロールの入口部にある材料はロールに接触した表面層部分で伸ばされ，その引き込み力により，材料全体がロール内に送り込まれている。しかし，この表面層部の伸びは圧延が終了するまであまり変わらず，圧延の進行とともに変形の主体は内部に移る。材料の内部は表面層より遅れはするが，圧延とともに上下ロールによりしだいに圧縮され，板厚の減少を起こし，その減少量が長手方向の伸びとなって現れる。したがって，圧延は表層部でのせん断引き込み力の存在という点から見ると，単純な圧縮変形ではないといえる。

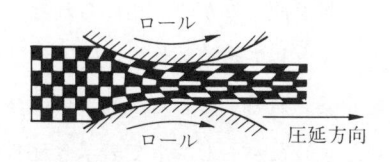

図 *6.1*　圧延中の長手方向メタルフロー

このような変形は，圧延長手方向の定常部での現象であるが，圧延材の先端部・後端部では表層が先進して表面に近い部分のみが伸ばされ，図 **6.2** に示すようなフィシュテールと呼ばれる折れ曲がった魚の尾状となる。この部分は圧延が進むと 2 枚板状となるため，圧延終了後は切断して除去される。

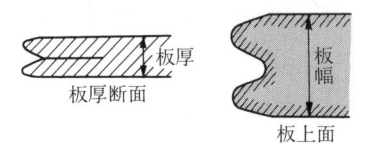

図 **6.2** 圧延材の先端・後端部のフィシュテール

〔**2**〕 冷間圧延の場合

冷間圧延は，熱間圧延に比べて板厚が薄く，ロール直径と板厚の比が大きい上，摩擦係数も小さい。したがって，板表層の伸びが著しく減少し，せん断変形が小さくなるので，純粋圧縮変形の場合により近くなる。

6.2.2 圧延加工の影響要因と用語の定義

図 **6.3** に，板圧延における圧延状況と使用される記号を示す。

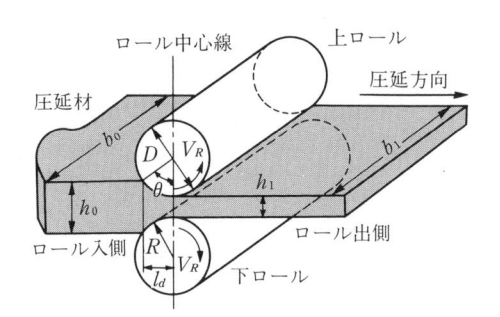

図 **6.3** 圧延中のロールと材料の関係

〔**1**〕 圧下量と圧下率

圧延における加工度を表す量として，圧下量と圧下率がよく用いられる。圧下量 $\mathit{\Delta}h$ は入口板厚と出口板厚の差で式 (6.1) として定義される。圧下率は圧下量を入口板厚で割ったもので式 (6.2) で定義される。そして，通常公称ひずみの形で表され，圧下率何パーセントというようにパーセントで表示される場

合が多い．

圧下量　　　$\Delta h = h_0 - h_1$ （6.1）

圧下率　　　$\dfrac{\Delta h}{h_0} = \dfrac{h_0 - h_1}{h_0}$ （6.2）

〔2〕 かみ込み角とロール接触角

圧延は，材料がロールにかみ込まれることにより成立するが，ロールと材料の接触している部分の中心角 θ をロール接触角と呼ぶ．この場合のかみ込み条件を図 **6.4** の条件で求めると，以下のようになる．

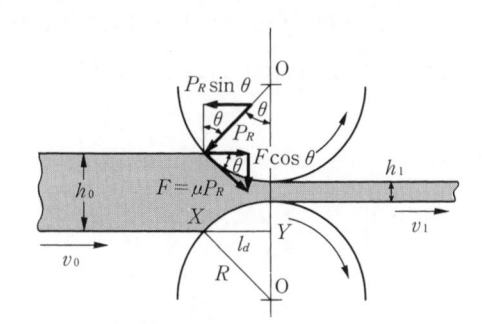

図 **6.4** ロールと材料の間に作用する力

いま，かみ込み時に生じるロール中心力を P_R，ロール回転とともに発生するロールの接線方向の摩擦力を F とすると，F はロールと材料の間の摩擦係数 μ を用いて式 (6.3) で表される．

$$F = \mu P_R \tag{6.3}$$

ところで，材料がかみ込まれるための条件は，摩擦力の水平方向成分 $F\cos\theta$ がロール中心力 P_R の水平方向成分 $P_R \sin\theta$ より大きくなることである．すなわち，式 (6.4) が成立することが必要である．したがって，摩擦係数 μ と，ロール接触角 θ との間に式 (6.5) の条件が成り立つ．

$$F\cos\theta = \mu P_R \cos\theta \geqq P_R \sin\theta \tag{6.4}$$

$$\therefore\ \mu \geqq \tan\theta \tag{6.5}$$

この場合，素材をかみ込む最大の接触角を**かみ込み角**といい，このときの θ を**摩擦角**という．したがって，摩擦係数が大きくなるほど接触角 θ は大きくできる．この摩擦係数 μ の値は材料や圧延条件によって異なるが，冷間圧延

では $0.03 \sim 0.1$, 熱間圧延では $0.3 \sim 0.4$ といわれている. なお, かみ込みを容易にするその他の条件は, ロール径を大きくし, 圧延温度を上げ, ロール速度を低くすることである.

【例題1】 厚さ h_0 の板を h_1 に圧延するとき, かみ込み可能なロール半径 R は

$$R \geqq \frac{(h_0 - h_1)}{(\tan^{-1}\mu)^2} \tag{6.6}$$

で与えられることを示しなさい.

【解答】 図 6.4 より式①が得られるが, θ が十分小さいときは②を①に代入して式③を導き, これをかみ込み条件式 (6.5) から得られる式④に代入すると式⑤が求められる.

$$\cos\theta = 1 - \frac{h_0 - h_1}{2R} \quad \text{①}$$

$$\cos\theta \fallingdotseq 1 - \frac{\theta^2}{2!} + \frac{\theta^4}{4!} - \frac{\theta^6}{6!} + \cdots \fallingdotseq 1 - \frac{1}{2}\theta^2 \quad \text{②}$$

$$R = \frac{h_0 - h_1}{\theta^2} \quad \text{③}$$

$$\tan^{-1}\mu \geqq \theta \quad \text{④}$$

$$R \geqq \frac{(h_0 - h_1)}{(\tan^{-1}\mu)^2} \quad \text{⑤}$$

〔**3**〕 **ロール接触弧長**

ロールと材料の接触している部分の水平投影長さ l_d を, ロール接触長さ, または投影接触弧長と定義する. したがって, 図 6.4 より以下の関係

$$l_d{}^2 = R^2 - \overline{OY}^2 = R^2 - \left\{R - \frac{(h_0 - h_1)}{2}\right\}^2$$

$$= R(h_0 - h_1) - \frac{(h_0 - h_1)^2}{4}$$

が認められ, 第2項が第1項に比較して無視できるものと考えると, ロール接触弧長 l_d は近似的に式 (6.7) となる.

$$l_d = \sqrt{R(h_0 - h_1)} = \sqrt{R \Delta h} \tag{6.7}$$

〔4〕 中立点と先進率（後進率）

圧延前後の材料の体積は一定である上，圧下量に対して素材の幅が十分大きい場合，素材は横に広がらない。したがって，圧延中の単位時間に通過する材料の量を，図 6.4 の記号を用いて板厚 h と通過速度 v の関係でとらえると，式 (6.8) が成立する。

$$h_0 v_0 = h_1 v_1 = hv \tag{6.8}$$

ここで，$h_0 > h_1$ であるから，$v_0 < v_1$ となり，ロール入口から出口に近づくにつれて速度は早くなり，入口と出口の中間に材料の速度とロール速度が等しくなる点がある。この点を**中立点**または**無すべり点**と呼ぶ。ロール入口から中立点までは，材料の速度よりもロール速度が大きく，中立点で等しくなり，さらに中立点からロール出口点までは材料速度のほうが大きくなる。このことは中立点からロール出口点の間では，材料はロールよりも先進して滑り出ることを意味しており，摩擦力の方向は中立点を境に逆方向になることを示している。

いま，ロール速度を v_R とすると，材料の先進の大小は**先進率**という式 (6.9) で表される値 f で評価される。

$$f = \frac{v_1 - v_R}{v_R} \tag{6.9}$$

この先進率は，多くの場合 $f = 1 \sim 8\%$ くらいの値となる。タンデム圧延のときのロール周速は，この先進率をもとに決定されなければならないので，この値は重要な特性値となる。この先進率は摩擦係数とともに増加し，かつ圧下率により大きく影響を受けるが，これら以外に材料の成分，圧延温度，圧延ロールの直径，潤滑剤の有無，加工硬化，張力などの影響を受ける。

〔5〕 幅広がりと幅広がり率

材料が圧延されると，圧延方向だけでなく，圧延直角方向すなわち板幅方向にも変形を生じ，板幅が増大する。これを**幅広がり**というが，式 (6.10) で表される量を幅広がり量，式 (6.11) で表される量を幅広がり率と定義する。

$$\Delta b = b_1 - b_0 \tag{6.10}$$

$$S = \frac{b_1 - b_0}{b_0} \tag{6.11}$$

この幅広がりは，高さの大きな鋼塊の分塊圧延，各種形材の圧延，厚板の圧延などでは大きな値を示すが，板厚が板幅に比べて小さい板圧延の場合はきわめて小さくなり，ほとんど問題とならない。この幅広がりは，圧延温度が低く，圧延速度が小さいほど，またロール径，圧下率，材料の厚みが大きくなるほど増大する。

〔6〕 摩擦係数

圧延ロールと材料の間の摩擦は，圧延にとって重要な特性であるが，その本質はまだ十分解明されていない。本節のかみ込み角のところで，冷間圧延と熱間圧延の摩擦係数の値を示したが，この摩擦係数は圧延材質，ロール材質，ロールの表面粗さ，圧延温度，ロール周速，潤滑などに大きく影響される。式(6.12)は，エケルンド(S.Ekelund)，ゲレジィ(A.Geleji)等により提案された700℃以上の温度の熱間圧延に対する摩擦係数の推定式である。

鋼ロール　　$\mu = 1.05 - 0.0005t - 0.056v$

研磨した鋼ロール　　$\mu = 0.82 - 0.0005t - 0.056v$ (6.12)

ここで t：圧延温度（℃），v：圧延速度〔m/s〕である。
冷間圧延における摩擦係数は，多くの研究者により調べられているが，それらを総括すると**表 6.2**のようにまとめられる。

表 *6.2* 冷間圧延における摩擦係数

圧延材	摩擦係数	圧延条件	
		ロール材質	潤滑剤
鋼　板	0.07〜0.09	クロム鋼ロール	なし
〃	0.05〜0.07	〃	パラフィン，パーム油
アルミニウム	0.20〜0.30	〃	なし
〃	0.08〜0.09	〃	潤滑油
黄　銅	0.12〜0.15	〃	なし
〃	0.05	〃	潤滑油

6.2.3 ロールに作用する力

〔1〕 圧延圧力分布と圧延荷重

ロールが材料から受ける荷重を**圧延荷重**といい，ロールを押し開く方向に作用するため**ロール反力**とも呼ばれる。この圧延荷重は，圧延可能な最大寸法や圧延スケジュールの支配要因であるため，圧延機の設計に当たって重要な特性値の一つである。

圧延荷重 P は，板幅を b とすると材料に接触するロール上の面圧 p（＝圧延圧力）を積分することにより式 (6.13) として求められる。ここでの $d\phi$ は微小接触角であり，p の分布は実験的にも，圧延理論を用いた理論計算からも求められる。p の実験的測定は，ロール表面に埋め込まれたピンにかかる圧力を圧力分布測定装置により測定すれば求められる。

$$P = b\int_0^\theta pRd\phi \tag{6.13}$$

この場合の p は，一般に図 **6.5** に示されるようにロール入口から中立点までは増大し，中立点で最大となり，中立点から出口に行くに従い徐々に減少する。この p の分布は板幅方向に対しては，幅中央部において最大値を示し，板端部に近づくと低下する。したがって，この p を式 (6.13) に代入すれば P を求めることができる。しかし，一般には便法として圧力 p の平均値を平均圧延圧力 p_m として，式 (6.14) を用いて実験的に求める方法がよく用いられている。

$$P \fallingdotseq p_m\,b_m\,l_d = p_m\,b_m\sqrt{R\,\Delta h} \tag{6.14}$$

ここで，p_m：平均圧延圧力，b_m：平均幅，l_d：投影接触弧長である。

この圧延荷重 P の値は，圧延作業の特性を比較するのにも使われるが，圧延機の形式が変わったり，圧延条件が著しく変わった場合には，式 (6.14) より平均圧延圧力 p_m を求め，この値を使って比較する方法がよく用いられる。また圧延機の設計の場合のように，概略の荷重 P を推定する必要が生じるときは，p_m を式 (6.15) で推定し，これを式 (6.14) に代入して求めることも多い。

$$p_m = C(k-q) \tag{6.15}$$

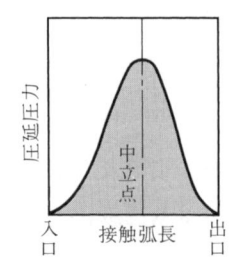

図 6.5 圧延圧力分布例

　ここで，k：材料の 1 軸変形抵抗（降伏応力），q：外部張力，C：圧下力係数（冷間圧延時≒1.2）である．なお，6 章では，圧延加工でしばしば利用される慣例に従い，材料の 1 軸変形抵抗（降伏応力）として k を利用していることに注意されたい．この式 (6.15) は，ロールにかかる面圧の平均値を示す式であるが，ここでの C の値は p_m が材料の 1 軸変形抵抗の何倍であるかを示すもので，この値を圧下力係数と称している．

〔**2**〕 **圧延トルク**

　圧延トルクは，ロールの回転軸に関するモーメントとして定義され，通常 2 本のロールの和として表される．**図 6.6** の上ロール部には圧延中ロールにかかる圧力分布を示すが，圧延圧力の作用線はすべて上下ロールの中心を結ぶ線と平行であるので，ロール中心からこれら圧延圧力の作用線までの線の長さが**トルクアーム** a と呼ばれる．圧延圧力 $p_1, p_2, p_3 \cdots$ にトルクアーム $a_1, a_2, a_3 \cdots$ を乗じたものがトルク $T_1 = a_1 p_1, T_2 = a_2 p_2, T_3 = a_3 p_3 \cdots$ である．これらのトルクは同一方向であるので，これらを積分して得られる合成トルクは，圧延圧力 p から構成される圧延荷重 P と，平均トルクアーム a の積 Pa として表される．このトルクが上下ロールに同時に作用するので，圧延に必要な圧延トルク T の値は，式 (6.16) となる．

$$T = 2Pa \tag{6.16}$$

すなわち，この式は図 6.6 の下ロール部に示すように，「圧延トルク T は圧延荷重 P にそのトルクアーム a を乗じたもの」になることを示している．

　ところで，式 (6.16) におけるトルクアーム a は圧延条件により広範に変化するので，一般には a と投影接触弧長 l_d との比をとって，式 (6.17) で表され

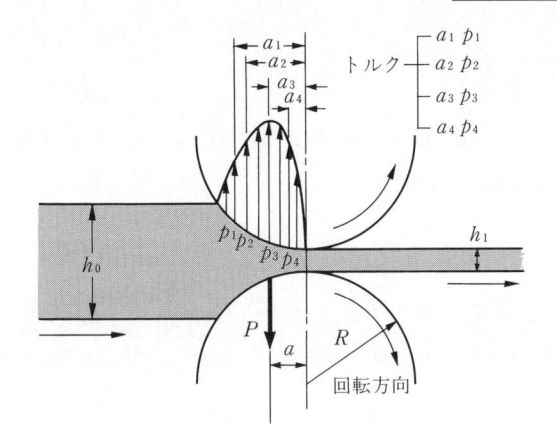

図 6.6 圧延トルクの考え方

るトルクアーム係数 λ と呼ばれる値を用いて表示されることが多い。

$$\lambda = \frac{a}{l_d} = \frac{a}{\sqrt{R(h_0 - h_1)}} \tag{6.17}$$

この λ を，種々の圧延実績に対して求めると $\lambda = 0.45 \sim 0.50$ となる。そのため，圧延機の設計とか，圧延における概略トルクの推定にあたっては多くの場合，$\lambda = 0.5$ が用いられる。なお，トルクアーム係数 λ を用いて圧延トルク T を求める場合は，式(6.18)が用いられる。

$$T = 2\lambda l_d P \tag{6.18}$$

ここで，λ：トルクアーム係数，l_d：ロール接触弧長，P：圧延荷重である。

〔**3**〕 **圧 延 動 力**

圧延機を駆動させるために必要な動力は，圧延機の設計において機械の大きさや電動機の容量を決定するのに重要であるばかりでなく，圧延作業に対しては，圧延可能な製品寸法および圧延スケジュールを決定するに当たり重要な特性値である。この**圧延動力**は，ロールにより圧延材を変形するのに必要な動力 (=トルク) T_1 であるのは当然であるが，これ以外に，ロールを支える軸受部の動力損失 T_2 や，次節で説明する減速機，ピニオンスタンドなどの動力伝達損失 T_3 さらに，ロールの空転時に必要なトルク T_4 なども補うことが必要である。これらの損失は軸受の種類や伝達方式によって異なるが，圧延トルク T_1 の数 10 %になることがあるので，これらの総トルクを T_t とすると，T_t は

式 (6.19) で示される。

$$T_t = T_1 + T_2 + T_3 + T_4 \tag{6.19}$$

いま，ロールの角速度を ω，ロール回転数を N rpm とすると，ロールを回転させるに必要な動力 H は，式 (6.20) で示される。

$$H = T_t\omega = T_t \frac{2\pi N}{60} \tag{6.20}$$

したがって，必要動力を馬力〔PS〕で表示するときは式 (6.21) で，また，電動機出力〔KW〕で表示するときは式 (6.22) で表される。

$$H = \frac{2\pi T_t N}{75 \times 60 \times 9.807} = 0.1423 \times 10^{-3} \times T_t N \text{ 〔PS〕} \tag{6.21}$$

$$H = \frac{2\pi T_t N \times 0.736}{75 \times 60 \times 9.807} = 0.1047 \times 10^{-3} \times T_t N \text{ 〔KW〕} \tag{6.22}$$

ここで，T_t は式 (6.19) で求められるロール 2 本分の総トルク（N-m），N はロール回転数（rpm）である。

〔4〕 前方張力と後方張力

圧延中のロール出口側で圧延方向に働く張力を**前方張力** σ_t，ロール入口側で圧延方向と逆方向に働く張力を**後方張力** σ_b というが，圧延中の材料にこの前方張力，後方張力，あるいは前後方張力が加わると，圧延圧力が減少し，所要動力も減少する。その結果，後述するロールの弾性的変形や摩擦は減少し，圧延作業に好影響が出る。しかし，σ_t，σ_b が大きくなり，材料の破壊応力を越すと，材料は破断する。また，圧延中にこれらの制御が適正でないと，均一な厚みの圧延は実現できない。このため，タンデム圧延においては，この前方・後方張力の制御はきわめて重要な要因となる。

6.2.4 圧延機の構造

圧延機は，材料に接触して圧延を実行する圧延ロールと，そのロールを納める図 **6.7** のようなロールスタンド，上下のロールの回転をたがいに逆方向にするピニオンスタンド，電動機の回転数を所定の回転数に下げる減速機，および電動機の五つの部分から構成される。そして，これらはスピンドル（中間

6.2 圧延加工の基礎

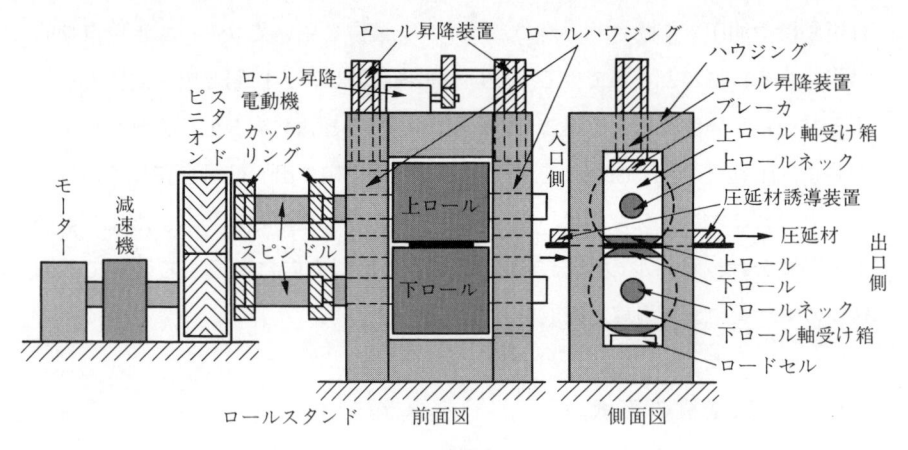

図 6.7 圧延機の構造

軸），カップリング（軸継手）により接続される。

このうち，中心設備である**ロールスタンド**は，圧延ロールを収納する１対のロールハウジング，ロール軸受・軸受箱，ロール昇降装置，ロードセルおよび圧延材誘導装置から成り立っている。ロールハウジングは図 6.7 においてロール軸受，および軸受箱を保持し，かつロール間隔を調節するためのロール昇降装置（昇降電動機，圧下スクリュー）を内蔵する構造物である。したがって，ロールハウジングには圧延荷重が直接作用するため，このハウジングは図 6.8 のような上下はりのたわみと，柱の伸び変形からなる弾性変形を起こす。この現象を**ミルスプリング**と呼び，圧延機の弾性変形量を表示する言葉としても使われる。このため，ハウジングには圧延荷重に耐えうるに十分な剛性が要求される。**ロール昇降装置**は，ロールハウジングの頂部を貫く圧下スクリューによって，ロールすきを調節する装置をいう。多くの圧延機のロール昇降装置

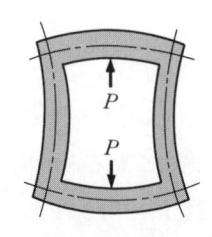

図 6.8 ロールハウジングの変形

130   6. 圧延加工

は電動機や油圧で作動され，かつ，セルシン装置を用いてロールすきを自動的に指示する方法がとられている。**圧延材誘導装置**は，入口側と出口側にあり，圧延材を正しい位置にかみ込ませ，圧延が終わると孔型から正しく導きだすと同時に，圧延材の上下曲がりを矯正してまっすぐ送り出す役目を有している。

一方，**ピニオンスタンド**は，電動機から伝えられる動力を2本または3本のロールに分け，ロールの回転方向をたがいに反対方向に変換する装置で，図 6.7 のようなやまば歯車で構成されている。

6.2.5 圧延機の形式

圧延機は，図 **6.9** のようにロールの数，ロールの回転方向，ロールの配置，圧延機の配列などにより分類され，その名称は圧延機の構成により付けられている場合が多い。

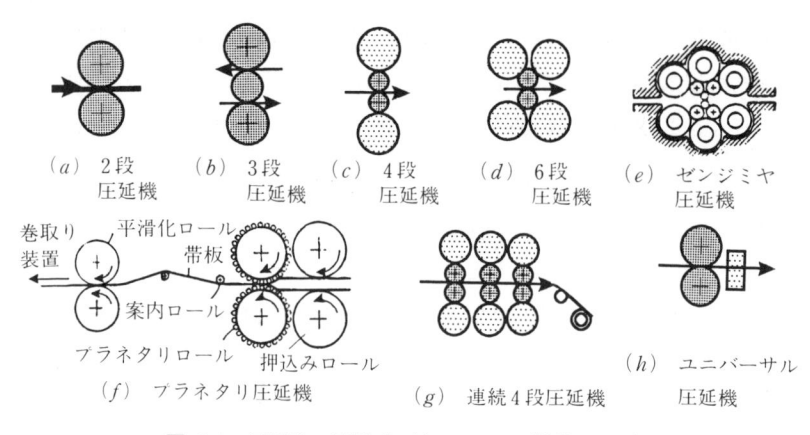

図 **6.9** 圧延機の種類（＋付のロールは駆動ロール）

(a) 2段圧延機 (b) 3段圧延機 (c) 4段圧延機 (d) 6段圧延機 (e) ゼンジミヤ圧延機
(f) プラネタリ圧延機 (g) 連続4段圧延機 (h) ユニバーサル圧延機

〔**1**〕 **ロールの数による分類**

圧延機を構成するロールの数が，2個の場合は2段式，または2重式，3個の場合は3段式（3重式），4個の場合は4段式（4重式）などと呼ばれる。

2段圧延機は，直径が等しい2本のロールで構成される最も簡単な形式のもので，熱間あるいは冷間で比較的厚い素材の圧延に使用される。**3段圧延機**は

二つの駆動ロールの間に中間ロールを持つ圧延機である。この圧延機はロールの方向を逆転しなくても，上中ロールと中下ロール間で往復圧延を行うことができ，作業能率が高い。そのため，比較的大きい材料および形材の粗圧延に使われる場合が多い。**4段圧延機**は，ロール直径が小さい1対の作業ロール（ワークロール）とロールのたわみを防ぐ直径の大きい1対の支えロール（バックアップロール）で構成される圧延機である。厚みが薄くなり製品の形状精度の厳しい仕上げ圧延によく使われる。

〔2〕 **ロールの回転方向による分類**

圧延機には，ロールの回転方向が一方向のみの圧延機と，ロール回転を急速に逆にして往復圧延することができる圧延機がある。後者の圧延機は，逆転式圧延機あるいは可逆圧延機と呼ばれる。

〔3〕 **ロール配置による分類**

直径の小さい多数のワークロールと，そのロールを補強するバックアップロールから構成される圧延機を多段圧延機というが，代表的な例としてロール配置により図 6.9(d)～(f)のような圧延機があげられる。この場合のロール数は，6段，12段，20段圧延機などがあるが，これはワークロールの径を小さくして圧延荷重を減少することを目的としている。しかし，ロール径が小さくなるとロール曲がりが大きくなるため，それを多数の中間ロール，バックアップロールで支えて防止しようとする目的でこれらの種々の圧延機ができている。**6段圧延機**（同図(d)）は，上下のワークロールをおのおの2本のバックアップロールで支える圧延機であり，逆転もできるものもある。**ゼンジミア式圧延機**（同図(e)）は，ロールの直径を極度に小さくし，本体を強固にして精密な調節ができる圧延機である。このゼンジミア圧延機のロールは，他の圧延機のようにロールのくび部で支持されるのではなく，一つの鋼の塊といえる強固な剛体のハウジングに，直接納められているのが特徴である。これによりステンレス鋼，けい素鋼，ベリリウム青銅，チタンなどの極薄圧延が可能となった。**プラネタリ圧延機**（同図(f)）は，遊星圧延機とも呼ばれ，直径の大きな上下のバックアップロールの周囲に，多数の小径のワークロールをころ軸受け

のように配置し，このワークロールの自転公転によって圧延するものである。この圧延機は26個のワークロールが継続して圧延作業を行うため，強圧下がかけられ，1回のパスで場合によっては90％もの圧下率がかけられる。

〔4〕 圧延機の配列による分類

圧延機はその配列，あるいはロールの回転方法によっても分類される。**連続4段圧延機**（図6.9(g)）は，帯鋼を大量に生産する場合に広く使用されている圧延機で，4段圧延機を数基一列に近接配置し，連続圧延（タンデム圧延）する圧延機をいう。現在の大規模製鉄所の鋼の熱間仕上げ圧延および冷間圧延は，この圧延機により行われている。**ユニバーサル圧延機**（同図(h)）は，1組の水平ロールと1組の垂直ロールを1基の圧延機の中に配置し，厚さと幅を同時に圧延できるようにした圧延機をいう。この圧延機は形鋼の圧延，および板の分塊圧延などに広く利用されている。

以上，種々の圧延機を紹介したが，これらの圧延機は1章の図 1.3 に示した現在の鉄鋼製造プロセスにおいて最も多く使用されている。同プロセスでは，種々の圧延機が効果的に配置され，非常に精度のよい均質な製品を，安価に量産するのに活用されている。以下に，その技術構成を，図 1.3 の圧延系列に沿って説明する。

6.3 板 圧 延

板は，自動車，家庭用電気器具，電子・通信機器等の部品，および容器などの素材として使用される厚さ3mm未満の薄板と，厚さ3～6mmの電縫鋼管，軽量形鋼などの素材として使用される中板，および厚さ6mm以上の船舶，橋梁，機械構造物などの素材として使用される厚板（150mm以上は極厚板）に分類される。このうち，薄板および中板の大部分は，ホットストリップミルおよびコールドストリップミルを用いて圧延された後，コイル状に巻き取られるが，多くの厚板は厚板圧延機を用いて板の状態で製造される。

6.3.1 薄板および中板の圧延

板厚3 mm未満の鋼板である薄板は，低炭素鋼板，ステンレス鋼板，電磁鋼板，高張力鋼板など多岐にわたるが，その大半を占めるものは0.03〜0.12％Cの低炭素鋼板である。これらの鋼板は最終仕上げ状況により，熱延鋼板と冷延鋼板とに分類されるが，それぞれ**ホットストリップミル**と**コールドストリップミル**によって製造される。厚さ3 mm以上6 mm以下の中板は，主として熱間圧延により製造されるが，ホットストリップミルで製造されるものと厚板専用圧延機により製造されるものに2分される。

〔**1**〕 **熱間圧延（ホットストリップミル圧延）**

材料の再結晶温度以上で行う圧延法であるが，この温度域で圧延すると材料の変形抵抗は小さく，延性が大きいので加工度を大きくとることができ，かつ工具に加わる負荷や動力が少なくてすむという利点がある。しかし，冷間圧延ほど製品表面が美しく仕上げられない上，寸法精度もやや劣るという欠点もある。そこで，この圧延法は薄板の中でも厚みが1 mm以上の一般構造用鋼板，自動車のフレーム，車両，鍛接管・溶接管などに用いられる鋼板，さらには冷間圧延の素材としての鋼板の圧延に使用される。

図 *6.10* は，ホットストリップの圧延工程の1例を示す。この工程は図 *1.3* に示した鋼の製造工程において，連続鋳造機から製造されたスラブの供給をもって始まる。この場合，スラブはこの工程の入口に配置された加熱炉で一部加熱された後，あるいは連続鋳造機から直接送られてきた後，1〜5基の粗圧延機により粗圧延され，厚みが45〜30 mmとされる。そのあと4段あるいは6段の圧延機が5〜7基で構成されるタンデム仕上圧延機により800〜1 500

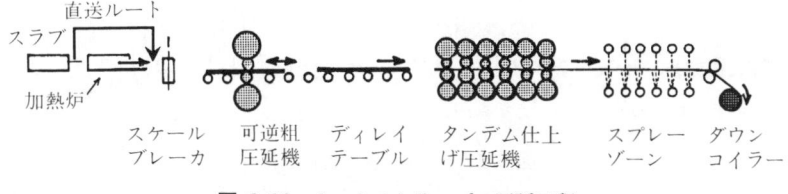

図 *6.10*　ホットストリップの圧延工程

m/min の高速で連続圧延され,仕上温度が 800〜850 ℃で所定の製品厚みになるよう仕上げられる。この場合の圧延は,スタンド間張力をほとんどかけないで行う。仕上圧延後はダウンコイラーによりコイル状に巻き取られるが,巻き取り後の結晶粒の粗大化を防ぐためにスプレーゾーンにおいて水が噴射され,巻き取り温度が 500〜700 ℃となるように冷却される。熱延鋼板の材質は,この仕上温度と巻き取り温度の制御によりつくり分けられる。このようにして圧延された熱延鋼板は,精整工程を経て熱延薄板になるものと,さらに後続の冷間圧延工程における素材として供給されるものとに分かれる。

〔2〕 冷間圧延

冷間圧延は,(1)薄肉の寸法精度が高い圧延ができる,(2)板表面が美しく,均一で,平たん度の良好な板ができる,(3)圧延条件とそれに続く熱処理条件の組合せにより,用途に合わせた加工性を付与することができる,など熱間圧延では得られない利点がある。そのため,冷延鋼板は自動車用外板,スチール家具,家庭電気製品,ブリキや亜鉛メッキ鋼板などの表面処理鋼板と非常に広範に使用されており,われわれの日常生活になじみ深いものが多い。

図 **6.11** は冷延鋼板の製造工程を示す。素材は熱延コイルで,まずコイルを巻き戻して,酸洗によって表面に付着するスケールを取り除き,防錆処理を施した後,冷間圧延して,板厚を 0.15〜3.2 mm に仕上げる。その後,コイルは冷間圧延中に付着した油脂を除去するため電気清浄され,再結晶温度以上の焼きなまし処理が施されて,材質の軟化と加工性を付与される。さらに,形状の矯正,表面硬さの調整,降伏点伸びによるひずみ模様の発生防止等の目的から調質圧延され,冷延製品となる。

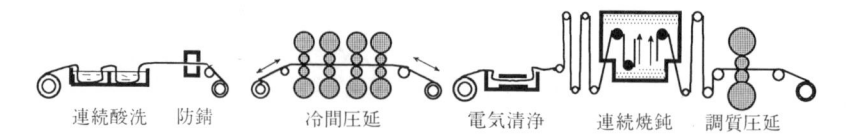

図 **6.11** 冷延鋼板の製造工程

6.3 板圧延

この場合の冷間圧延には，図 **6.12** に示すような 3〜5 基のタンデム式連続圧延機が多く用いられ，圧延速度は 2500 m/min にも達する。この場合の圧延技術上の特徴は，（1）材料の高い変形抵抗に対処するため，各スタンドにおけるロール回転速度を調整して，材料に張力を加えながら圧延を行う，（2）潤滑剤の良否が，板の表面性状や可能な圧延速度に影響するので，パーム油および各種水溶性油，合成油などの適正な潤滑油の選択が重要である，（3）板厚精度および平たん度に対する厳しい要求を満たすため，本節〔3〕に示す各種の自動制御を採用する，等があげられる。

なお，ステンレス鋼などの硬質材には小径のワークロールで，しかも剛性の高いゼンジミア圧延機が用いられている。

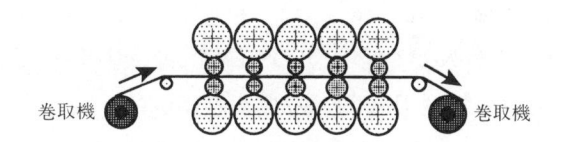

図 **6.12** 連続式冷間圧延機（コールドタンデムミル）

〔3〕 圧延機の自動制御

圧延が高速になると，板厚，板幅の自動制御が重要になるため，その開発が精力的に進められてきたが，この制御技術は現在までにしだいに完成の域に達してきたので，その代表例を紹介する。なお，この自動制御は，圧延材の全長・全幅にわたって均一な板厚，均一な板幅に圧延することを目標にしている（例えば厚みが 250 mm，長さが 15 m のスラブを，厚みが 2.5 mm に熱間圧延するときを考えると，長さは 1500 m という長さになる）。したがって，自動制御としては，長さ方向の板厚の制御，幅方向の板厚の制御，長さ方向の板幅制御の 3 種類の制御に分けられる。

（1）**長さ方向の板厚の自動制御**　長さ方向の板厚の変動原因は，まず熱間圧延においては，温度分布の変化である。すなわち，その変動要因としては，長尺コイルの先端から後端までの温度差，往復圧延においてローラーテーブル上に停止したときのロール接触部，および熱間圧延前の加熱炉におけるス

6. 圧延加工

ラブ支持部（スキッドという）での局部的温度降下部等があげられる。ところで，この温度が下がった部分では変形抵抗が増加するため，圧延荷重がその分だけ増大する。その結果，圧延機の弾性変形量は大きくなり，ロール隙間も増大するので板厚変動が発生する。

一方，冷間圧延においては，熱間圧延時の板厚の変化，部位による素材硬さの変動，圧延中の張力の変動，圧延速度の変動，ロール温度の変化，ロール偏心の影響など，多くの要因が冷間圧延の出口板厚に変動を与える。

これらの諸原因による板厚変動に対する自動制御法として，現在までに開発されている方式は，圧下制御と張力制御の2方式がある。図 **6.13** は，コールドタンデムミルの場合の板厚自動制御系の1例である。これを用いて両制御法の原理を，以下に説明する。

圧下制御：No. 1 か No. 2 スタンドの出口側に厚み計（X 線式，γ 線式，電気式など）を設置し，設定した板厚からはずれている場合は，圧下スクリューを油圧や電動により自動的に作動させて板厚のフィードバック制御を行う

張力制御：タンデムミルの最終スタンドの出口に厚み計を設置し，板厚が厚すぎる場合は最終スタンドのロール速度を速くすることによって，一つ前のスタンドとの間に張力を与え，板厚を減少し，板厚が薄くなってくるとロール速度を下げて板厚の回復をはかるように自動的に制御する方式

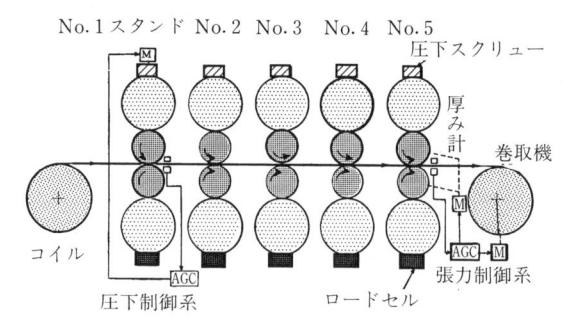

図 **6.13** コールドタンデムミルの板厚自動制御の1例

(2) 幅方向の板厚の自動制御 板幅方向の板厚制御は一般にロールクラウン制御と呼ばれ，種々の開発が行われてきた。

　一般に圧延中のロールは幅方向にたわみ変形を起こしたり，熱膨張を起こす。そのためロールは幅方向に平たんにならないで，**図 6.14** のように凸状，平たん，凹状になることがある。ロール面がこのような状態になると，圧延製品は中伸びになったり，耳波になり，平たん（フラット）な形状の圧延を実現することができない。この対策として，圧延前にこのロールの変形を予測し，圧延圧力によるロールたわみを補正した曲線や，ロールの温度分布による熱膨張差を補正した曲線を前もってロールに与えておく方法がよく用いられる。この曲線を**ロールクラウン**または**ロールキャンバー**という。このロールクラウンは通常，冷間圧延で $5 \sim 10 \ \mu m$，熱間圧延で $30 \sim 50 \ \mu m$ であるが，この値は圧延条件により変化する。そのため，通常の圧延作業では数種のクラウンを有するロールを用意しておく必要がある。しかし，圧延ごとに製品の条件，圧延素材の条件に合わせたクラウンのロールに交換することは不可能なため，ロール交換しないでクラウンを変更する方法の開発が行われた。以下に，現在実用化されている代表的なクラウン制御方式を示す。

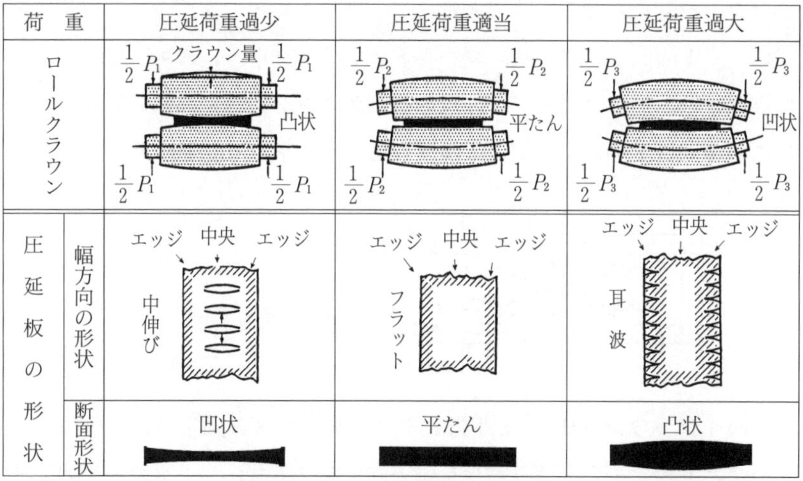

荷重		圧延荷重過少	圧延荷重適当	圧延荷重過大
ロールクラウン		$\frac{1}{2}P_1$ クラウン量 $\frac{1}{2}P_1$ 凸状 $\frac{1}{2}P_1$ $\frac{1}{2}P_1$	$\frac{1}{2}P_2$ $\frac{1}{2}P_2$ 平たん $\frac{1}{2}P_2$ $\frac{1}{2}P_2$	$\frac{1}{2}P_3$ $\frac{1}{2}P_3$ 凹状 $\frac{1}{2}P_3$ $\frac{1}{2}P_3$
圧延板の形状	幅方向の形状	エッジ 中央 エッジ／中伸び	エッジ 中央 エッジ／フラット	エッジ 中央 エッジ／耳波
	断面形状	凹状	平たん	凸状

図 **6.14** ロールクラウンと圧延形状

① ワークロール・ベンディング方式：この方式は図 **6.15** に示すように，ワークロール軸受箱とバックアップロール軸受箱との間に油圧装置を入れて，この部分に力を加えワークロールを曲げてクラウン制御する方式（A方式）と，上下のワークロール軸受箱の間に油圧装置を入れて，この部分に力を加えワークロールを曲げてクラウン制御する方式（B方式）とがあるが，両方式とも強制的にロールに曲げ作用を与えて所定のクラウンを付けて制御する方法である。

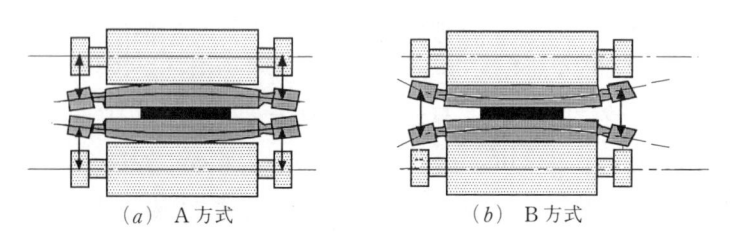

(a) A方式 　　　　　(b) B方式

図 **6.15** ワークロール・ベンディング方式の原理（←→：油圧力）

② バックアップロール・ベンディング方式：この方式は，図 **6.16** に示すように上下のバックアップロールの軸受箱の間に油圧装置を入れ，バックアップロールを曲げることにより，ワークロールに曲がりを起こさせてロールクラウンを変化させる方式である。ワークロール・ベンディング方式は鋼板用のホットストリップミル，コールドストリップミル，スキンパスミルなどに実用され，バックアップロール・ベンディング方式は広幅のアルミニウム板用の冷間圧延機および鋼の広幅厚板用の圧延機などに見られる。

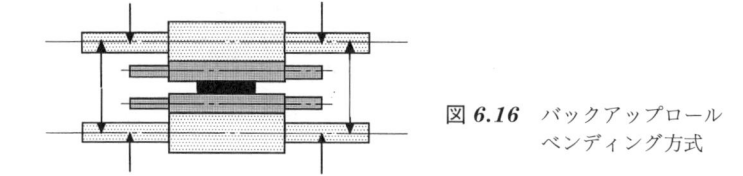

図 **6.16** バックアップロールベンディング方式

③ ハイクラウン（HC）ミル方式：ロールベンダの効果をより確実にするために，6段ミルの中間ロールを軸方向にシフトし，ワークロールの変形を

6.3 板圧延

図 6.17 ハイクラウンミル方式

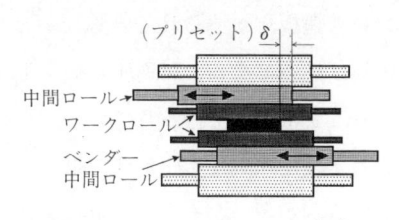

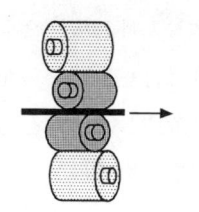

図 6.18 ペアクロスミル

広い範囲でコントロールして断面形状を制御する **図 6.17** の方式。

④ **ペアクロス（PC）ミル方式**：この方式は，ワークロールとバックアップロールの軸を平行に保ったまま，**図 6.18** のように対（ペア）となる上下のロールどうしをクロスさせ，その角度を制御することによってロール間隔の幅方向分布を変える方式である。

この方式の原理は，上下ロール軸をクロスさせたときにできるワークロール間隔が，ロール端部になるほど広い放物線状になり，ワークロールに凸状のクラウンを付けたことと等価になることを用いたもので，クロス角度のわずかな変化（1〜2度）によって間隔の分布，ひいては板の断面形状が制御できる方式である。

（3） 長さ方向板幅の自動制御　　板幅の大きな変更は，粗圧延機の入口部に設置されたエッジャー圧延機により行われるが，長手方向の微細な幅の制御は，粗ミルに設置されているエッジャー圧延機による幅圧下量とそれに続く厚み圧下量の関係，および仕上ミルにおける張力制御を駆使して総合的に行われており，板幅として，全長にわたり±数mmにおさめる制御が実現されている。

6.3.2 厚板圧延

厚板は，船舶，橋梁，圧力容器，車両，パイプ，機械構造物など非常に広範な用途に供給され，重工業の基幹資材として用いられているが，現在，工業的に生産されている製品の寸法は，幅が1.0〜5.5 m，厚みが4.5〜300 mmで，長さは最大30 mくらいである。製品は炭素鋼が大部分であるが，特殊鋼

としては強じん性鋼板，合金鋼板，ステンレス鋼板もつくられている。

　厚板圧延は，長尺にならないので連続圧延は必要でなく，可逆圧延機を1基ないし2基設置し，これを何パスか往復することによって行われている。すなわち，大規模工場では2段逆転式粗圧延機と4段逆転式仕上圧延機の組合せが多く，小規模工場では3段式圧延機を使用する例が多い。そして，ホットストリップがコイル状に巻き取られるのに対して厚板は板状のまま冷却され，必要に応じて切断され，切り板状で出荷される。したがって，工場における厚板の製造プロセスは，図 **6.19** の工程より成り立っている。

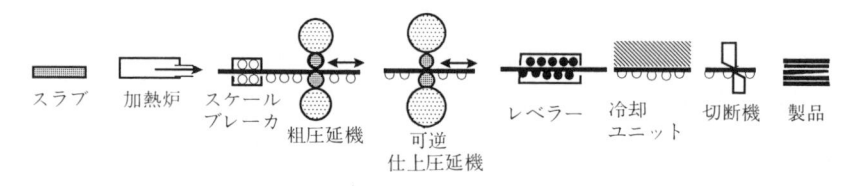

　　スラブ　　加熱炉　　スケール　　粗圧延機　　可逆　　レベラー　　冷却　　切断機　　製品
　　　　　　　　　　　　ブレーカ　　　　　　　　仕上圧延機　　　　　ユニット

図 **6.19**　厚板の製造工程

　なお，厚板圧延工程での粗圧延機では，厚みを減少させるばかりでなく，スラブを90°回転し，幅方向に圧延して所定の製品幅にする**幅出し圧延**を途中で行い，仕上げ圧延機で製品寸法に仕上げる。厚板圧延の技術的課題は，製品幅が広いためロール幅が4～6mと広くなり，ロールのたわみが大きいことである。そのため，図 6.16 に示すようなバックアップロール・ベンディング方式によるロールたわみ制御を行い，製品の形状・クラウンを制御する技術が進み，板厚とクラウンおよび平面形状の高度な自動制御が行われるようになってきた。

　一方，厚板製品には上述のような造船用，石油輸送管用，大型構造物用の用途があるため，ホットストリップより強度，じん性，溶接性，結晶粒度の微細化等の要求が強く出てきた。そこで圧延後，圧延材を急速冷却したり，焼きならしをするという熱処理により，金属組織を微細化して，材質の強度およびじん性の改善を図るようになった。近年，この材質の改善は，圧延開始から終了までの圧延条件と温度を緻密に調整する制御圧延や，制御冷却で行われるよう

になり，塑性加工と熱処理を巧みに組み合わせて，金属の機械的性質の向上をはかる**加工熱処理プロセス**が発展してきた．これにより特別な焼入れ・焼戻しを必要としないで，圧延のままで同じ効果が得られるようになってきている．

6.4 形材の圧延

形鋼は**表 6.3**に示すような複雑な断面形状の土木・建築・機械構造用部材で大形形鋼，中形形鋼，小形形鋼に分類される．このような形鋼は熱間圧延により製造されるが，その方法には2通りある．一つは上下ロールに溝（孔型）を切り，その間にできる孔形状を圧延の進行とともに目標とする製品の断面形状にしていく**孔型圧延法**であり，他の方法は，上下の水平ロールと左右の縦ロールの計4本の平ロールで圧延して仕上げる**ユニバーサル圧延法**である．

表 6.3 形鋼の種類（W：ウェブ，F：フランジ）

サイズ・分類	種類	断面の形状	用途例
大形サイズ 各F, W： 100 mm 以上	H 形 鋼 F+W>200		建築物，地下構造物 橋梁の支柱
	鋼 矢 板		河川補修，港湾建設， 地下建設の護岸，土止め杭
	I 形 鋼		建築，橋梁，車両用部材
	坑 枠 鋼		鉱山坑道， トンネルの支保材
大・中形 サイズ 各F, W： 50〜100 mm	レ ー ル		鉄道，鉱山土木工事， エレベーター，クレーン用
	不等辺不等厚 山形鋼		造船船体補強材
	溝 形 鋼 W>100 mm		建築，橋梁，車両用部材
中・小形 サイズ 各F, W： 50 mm 以下	等辺山形鋼		建築，構造用部材

6.4.1 孔型圧延法

孔型圧延は山形鋼，溝形鋼，I形鋼，鋼矢板，レールなどを製造するのに使われる熱間圧延法で，1対のロールに複数の孔型を並べ，ロールの回転方向を逆転させながら，孔型の数だけ往復して，順次製品形状に近づける圧延法をいう。使用される孔型には図 **6.20** に示すように中立線の位置が上下ロールのほぼ中間にある開孔型と，中立線位置が片方のロール側に大きく片寄る閉孔型がある。どちらの孔型を採用するかは，圧延能率はもちろん，ロールの磨耗や折損，圧延形状などに依存する。そのため，実際には両孔型が組み合わされて使われている。

孔型の具体的組合せ方法は，製品形状によって図 **6.21** のように大別される。ここで，フラット方式はフランジをフラットに圧延して最終仕上げで直角に立てる方式で，圧延途中の段階で深い孔型をロールに付ける必要がなく，ロールの強さを低下させない利点がある。バタフライ方式は，圧下とともにフランジの角度を順次あげていく方式で，途中段階での形状がバタフライに似ているところからこの名前が出ており，この方式もロールに深い孔型を付ける必要がない方式である。ストレート方式は，断面を水平に保ちながら圧延する方式でロールに軸方向推力ができず，材料のねじれもなく，切り込みを大切にし，中央の圧下とともに角隅に肉を十分出してやる方式である。ダイヤゴナル方式は，断面をロール軸に対して交互に反対向きに傾斜させて造形していく方式

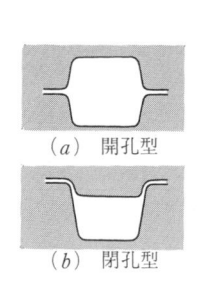

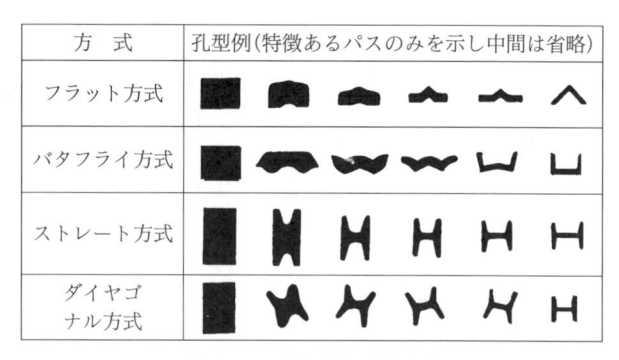

図 **6.20** 開孔型と閉孔型　　　　図 **6.21** 代表的な孔型方式

6.4 形材の圧延   143

方式	山形鋼 フラット式	溝形鋼 バタフライ式	ストレート式	I形鋼 ダイヤゴナル式
孔型例				

図 **6.22** 代表的形鋼の孔型列

で，ロールに軸方向推力を生じる欠点はあるが，材料のフランジ部を交互に圧延することができるので，フランジ部テーパーの小さいものの圧延に適している．代表的形鋼の孔型例を図 **6.22** に示す．

6.4.2 ユニバーサル圧延法

形鋼圧延に使用されるユニバーサル圧延機は，上下・左右2対の平ロールで構成されており，これにより材料に上下・左右から均一な圧下をかけて，図 **6.23** のように圧延する圧延機である．そのため，寸法精度，形状，表面性状，材料組織は良好であり，特に上下・左右対称でフランジ幅の大きいH形鋼などの製造には適している．また，この圧延機は各ロール隙間を調整することにより多種類の製品に対応することができるので，ロールの常備数も少なくてすみ，大量生産にも向いている．したがって，H形鋼のほかに鋼矢板，坑枠鋼，レールなどの中間段階までの造形にも一部使用されている．

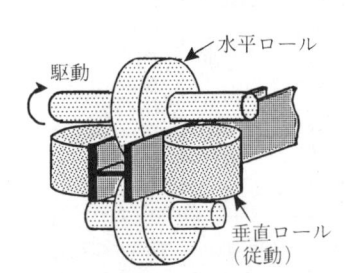

図 **6.23** ユニバーサル圧延機の基本構成
　　　　　（H形鋼の圧延例）

6.5 棒・線の圧延

棒鋼には断面が円形(丸鋼という),正方形(角鋼),六角形(六角鋼)など種々あり,機械部品のシャフト,ボルト・ナット,ばね,軸受け等の素材および鉄筋コンクリート・ビルディングの強度部材等として使用される。一方,線材は一般に直径が 5～20 mm の円形断面であるが,圧延後はコイル状に巻き取られて出荷され,くぎ,針金,鉄線,ワイヤロープ,ピアノ線,ケーブル線,ねじ,ボルト・ナットなど種々の製品の素材となる。

図 **6.24** は丸鋼圧延用の典型的な孔型例である。同図のだ円と角の方式は断面減少率が高くとれ,小形棒鋼圧延に用いられる。同図のひし形と角の方式は断面減少率が小さいが,仕上製品の肌が良好で中形棒鋼圧延に用いられる。同図のボックス方式はロール孔型が簡単で大形棒鋼圧延に向いている。いずれの孔型においても,材料が孔型からかみ出して耳をつくらないようにし,材料が孔型に完全に充満するようにして寸法形状を高精度に満たすことが必要である。

線材圧延の孔型は基本的には棒鋼の場合と同じで,だ円と角を組み合わせて

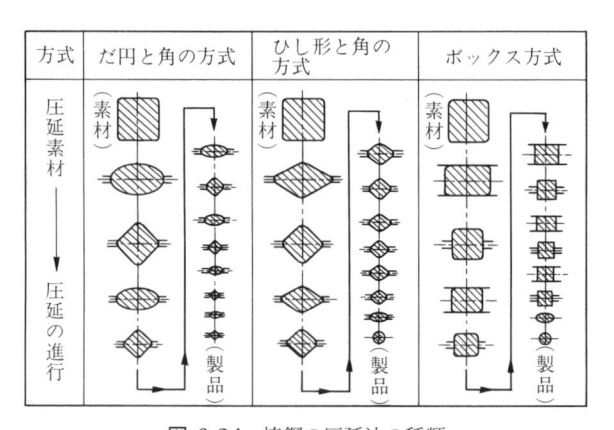

図 **6.24** 棒鋼の圧延法の種類

順次断面を小さくしていくものである。このとき，上下2本の水平ロールを持つ圧延機と，左右2本の縦ロールを持つ圧延機を単独，あるいは組み合わせて配置して圧延し，最終的に所定の寸法を持つ円形断面に仕上げていく。この場合の圧延機は，数台ずつで構成される粗圧延機，1中間ミル，2中間ミル，仕上ミルで構成され，全体で20数台以上に達する。その場合の圧延速度は6 000 m/min になるものもある。

6.6 鋼管の圧延

鋼管は，石油採掘用の油井管，石油・天然ガスの輸送管，ガス・蒸気・油・水などを送る管，ボイラ・熱交換器用の管，電気配管用管，自動車・自転車・土木工事用パイプ，足場用鋼管，鋼管柱など広い分野で使われており，その大きさは直径が数 mm から数 m にまで及ぶ。その種類はビレットに孔をあけて圧延してつくる**継目なし鋼管（シームレスパイプ）**と，薄板をロール成形等で円形に加工した後，溶接してつくる**溶接鋼管**に分けられる。

6.6.1 継目なし鋼管

継目なし鋼管の製造工程は図 **6.25** に示すように，円形のビレットの中心部にせん孔機で孔をあけ，中空の素材をつくる。その後，続いて偏肉の修正と肉厚の均一減少および内外面表面を改善するために2ロールの傾斜圧延機であるエロンゲーターを通し，さらに，管の肉厚を薄くし，長さを伸ばすための延伸

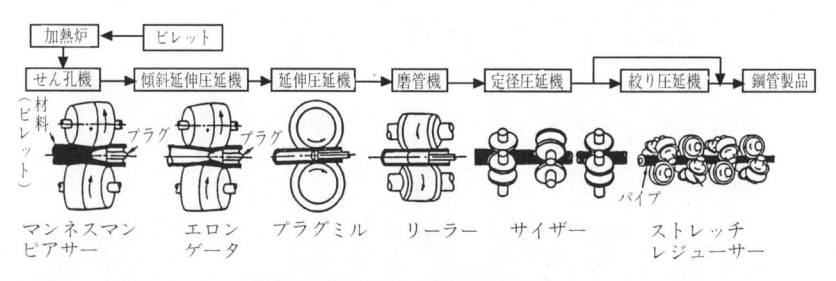

図 **6.25** 継目なし鋼管の製造工程

工程に入る。ついで磨管機（リーラー）で管の内外面を仕上げ，最終的に定径機（サイザー）を通して正しい外径にする。なお，より細い管をつくる場合には，加熱炉で加熱した後，ストレッチレデューサーにより引張り式の絞り圧延を行い，小径管に仕上げる。

6.6.2 溶接鋼管

溶接管は図 **6.26** に示しているように，大別すると鍛接管，電縫管，UO管，スパイラル鋼管，曲げロール管に分けられる。鍛接管は熱延コイルを連続式鍛接機でダイスの孔を通じて引き抜き，さらに円形成形された鍛面を鍛接して製造するものであり，主として小径管の成形に適している。電縫管は薄板を 4.3 節で示したロールフォーミングで管状に成形し，継目部を電気抵抗溶接機で突き合わせて溶接し，中・小径管とするものである。UOプレス鋼管は，厚板を強力な U 形プレスを使用して U 字に曲げ，ついで O 形プレスにより円形に成形し，その後，端面をアーク溶接して大径管とするものである。スパイラ

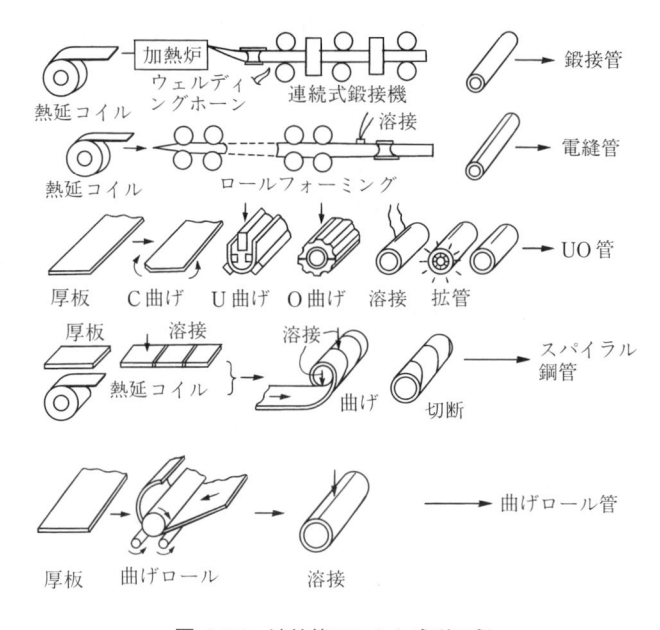

図 **6.26** 溶接管のおもな成形工程

ル鋼管は，薄板を室温でらせん状に巻いて管状にし，端面をアーク溶接して製造するもので，自由な口径に成形することが可能で，全体の強度も大きいので大径管の製造に向いている．

最近では，溶接技術の信頼性が非常に向上したため，高い品質を持つ板を接合して製造される溶接鋼管の信頼性が高まり，コストも低いので，しだいに溶接鋼管がパイプの主流になってきている．

6.7 圧延理論

圧延時の材料とロールの間の圧力分布，圧延荷重，圧延トルク等を理論的に推定しようとする試みは，1925年のジーベル（E.Siebel）およびカルマン（Th.v.Karman）の研究以来大きく進展した．この理論の発展経緯を大きくとらえると，カルマンの圧延理論の系統と，その後，厳密解として発表されたオロワン（E.Orowan）の圧延理論の系統の二つの流れに分けられる．いずれの理論も現在のように電子計算機のないときの理論なので，方程式を解析的に解くために種々の前提をたてて解いた解であり，今日のように電子計算機で容易に数値計算を行える時代においては，直接その基礎方程式を解くことも可能である．

6.7.1 カルマンの圧延方程式

カルマンは，圧延過程をロール軸に垂直な面で切断した微小部分の応力の平衡から以下のような微分方程式を導いた．この場合，ロール接触弧内でのXY面内せん断応力を無視し，かつ式を簡単にするため以下の仮定をたてた．

（1）板の幅広がりは無視する．（2）圧延中の板とロールの弾性変形は無視する．（3）圧延前の垂直断面は圧延後も平面を保つ．（4）板とロールの間の摩擦係数および板の変形抵抗は，ロール接触弧中どこでも一定である．（5）降伏条件としてはトレスカの最大せん断応力説を用いる．

これらの仮定に基づいて，図 **6.27** に示すように入口面 XX と中立面 YY

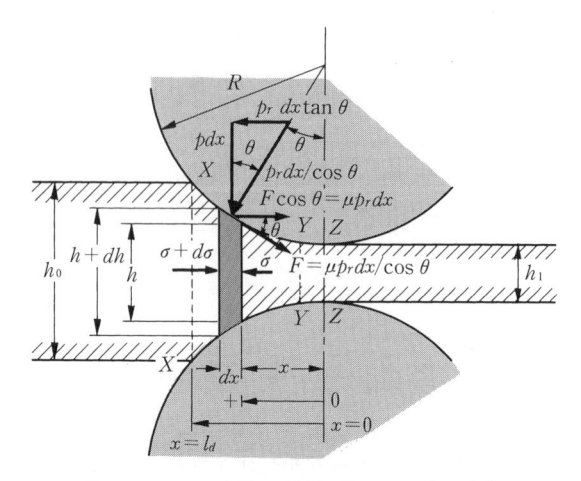

図 **6.27** ロール間の断面に作用する力と応力

との間にあり単位幅で板厚が h, 圧延方向の長さが dx の微小部分を考えると, 圧延方向（水平方向）のすべり摩擦状態に関する力の平衡は, 以下のように分解して整理される.

$p_r dx/\cos\theta$：微小要素の上下端面に垂直に作用する圧縮力

$(p_r dx/\cos\theta)\sin\theta = p_r dx \tan\theta$：上下端面に垂直に作用する圧縮力の水平分力で, 板がロールの間に入るのを押し返す方向に作用する力

$\mu p_r dx/\cos\theta$：接線方向の摩擦力

$(\mu p_r dx/\cos\theta)\cos\theta = \mu p_r dx$：摩擦力の水平方向分力で, 板をロールの間にかみ込ませる方向に作用する力

$(\sigma + d\sigma)(h + dh)$：材料内部で水平方向に働く圧縮力で, 板をかみ込ませる方向に作用する力

σh：板のかみ込みを妨げる方向に作用する力

したがって, 入口の XX 断面と中立点 YY 面との間の接触弧上の各点において, 式 (6.23) が成り立つ.

$$2p_r \tan\theta dx - 2\mu p_r dx - (\sigma + d\sigma)(h + dh) + \sigma h = 0 \quad (6.23)$$

これを整理すると,

$$p_r \tan\theta dx - \mu p_r dx = d\left(\frac{\sigma h}{2}\right) \tag{6.24}$$

ここで，ロール半径方向の圧力 p_r の代わりに垂直方向の圧力 p を用いると

$$pdx = \left(\frac{p_r dx}{\cos\theta}\right)\cos\theta = p_r dx$$

$$\therefore p = p_r \tag{6.25}$$

また $\mu = \tan f$ とすると，力の平衡式 (6.24) は，式 (6.26) のようになる．

$$p(\tan\theta - \tan f)dx = d\left(\frac{\sigma h}{2}\right) \tag{6.26}$$

つぎに中立面 YY からロール出口面 ZZ までの間の微小部分の力の平衡を考えると，中立面を境として材料とロールとの相対速度は逆になって，ロールの周速よりも板の速度のほうが速くなり，摩擦力の方向が逆に作用することになるので式 (6.26) に対応する平衡式は，式 (6.27) となる．

$$p(\tan\theta + \tan f)dx = d\left(\frac{\sigma h}{2}\right) \tag{6.27}$$

以上をまとめると，式 (6.28) となる．

$$p(\tan\theta \pm \tan f)dx = d\left(\frac{\sigma h}{2}\right) \tag{6.28}$$

この式は**カルマンの圧延方程式**と呼ばれている．

ここで，dx 部分の垂直方向の応力を p' とし，トレスカの降伏条件式を適用すると式 (6.29) となり，水平応力 σ との関係は式 (6.30) となる．

$$p' - \sigma = k \tag{6.29}$$

$$\begin{aligned}p'dx &= (\text{ロール半径方向力の垂直成分}) + (\text{摩擦力の垂直成分}) \\ &= pdx + \left(\frac{\mu p_r dx}{\cos\theta}\right)\sin\theta \\ &= p(1 + \mu\tan\theta)dx \end{aligned} \tag{6.30}$$

したがって，

$$p(1 + \mu\tan\theta) - \sigma = k \tag{6.31}$$

そこで式 (6.28) と式 (6.31) を組み合わせて解けば，圧延圧力 p_r あるいは接触圧力 $p(=p_r)$ が x の関数として求められ，接触弧上の圧力分布が定まる

(153頁の脚注参照)。しかしこの式は，このままでは積分が困難であるため，それぞれの実作業条件に近い適当な近似解法が行われている。その近似解法としては，ヒル (R.Hill)，ブランド・フォード (D.Bland & H.Ford)，ナダイ (A.Nadai) 等の理論があり，それらにより図 **6.28** に示すような前方張力，後方張力の影響も導入された。これによると，張力によって圧延圧力が低下する，とくに後方張力のほうが前方張力よりも効果が大きいこと，そして前方張力を増加させると中立点は入口側へ移動し，後方張力を増すと出口側に移動することなどがわかる。

なお，カルマンの圧延方程式はすべり摩擦の場合を考えたものなので，冷間圧延のときは適用が可能であるが，熱間圧延の場合のように固着摩擦条件が生じる場合には適用できないことに留意する必要がある。

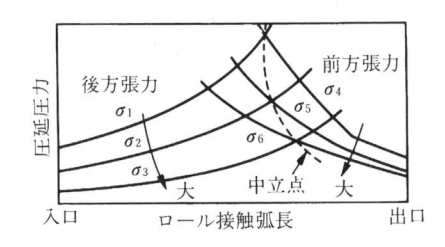

図 **6.28** 張力のある場合の圧延圧力分布曲線例

6.7.2 オロワンの圧延方程式

カルマンの方程式は，接触弧中に垂直断面を持つ微小部分のすべり摩擦状態での釣合いを考えたものであるが，オロワンは図 **6.29** に示すような任意の面

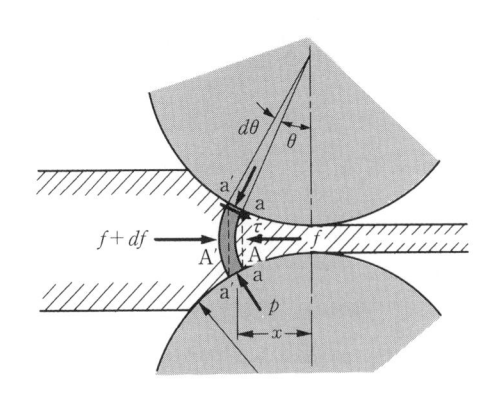

図 **6.29** オロワンの方程式の説明図

で区切られた微小部分の釣合い方程式から微分方程式を導いた。そして，材料とロール表面に働く力としてすべり摩擦の場合と，固着摩擦の場合の両方に適用できる摩擦力 τ も考えた。したがって，図 6.29 において作用する力は，以下のように分解される。

$f(\theta)$：ロール中心線と角 θ を成す接触弧上の単位幅の面 A に働く水平力

$-(df/d\theta)\,d\theta$：$(\theta + d\theta)$ の角度を成す面 A' に働く水平力

$2p\sin\theta\,R\,d\theta$：垂直応力 p の水平成分

$\pm 2\tau\cos\theta\,Rd\theta$：摩擦による引張力（＋は中立点より出口側）

ここで，D：ロール直径，R：ロール半径，f：面 A に働く水平方向の力，τ：材料の表面の摩擦力に相当するせん断応力である。

したがって，これらの力の平衡を考えると式 (6.32) が成立する。

$$\frac{df}{d\theta} = D\,p\sin\theta \pm D\tau\cos\theta \tag{6.32}$$

この式は，カルマンの圧延方程式よりも一般性を有す式であるが，オロワンはプラントル（Prandtl）の平行板による圧縮の応力分布の解，およびナダイの傾斜板による圧縮応力の解を参考として式 (6.33)，(6.34) に示されるような $f(\theta)$ と p の関係を求め，すべり摩擦の場合と固着摩擦の場合について，最も完全と思われる解を導いた。（ここで，w は θ と $(2\mu p/k)$ の関数である。）

すべり摩擦の場合　　ロール圧力　　$p = \dfrac{f(\theta)}{h} + w\,k$ 　　(6.33)

固着摩擦の場合　　ロール圧力　　$p = \dfrac{f(\theta)}{h} + \dfrac{\pi}{4}k$ 　　(6.34)

しかしながら，$f(\theta)$ は複雑なので接触弧上の各点については図式積分法によって計算し，圧延荷重の近似解として式 (6.35) を導いた。

$$P = k\,b_m\,l_d\left(0.8 + \frac{n\,l_d}{2h_1}\right) \tag{6.35}$$

ここで，b_m：平均板幅，l_d：ロール接触弧長である。

いま，$n = 0.5$ とすれば，式(6.36)となる。

$$P = k\, b_m\, l_d \left(0.8 + \frac{l_d}{4\, h_1}\right) \tag{6.36}$$

この式は，さらにシムズ（Sims）等により発展されていった。

演 習 問 題

1） 板厚 50 mm，板幅 1 000 mm の鋼板を，ロール直径 500 mm，ロール回転数 100 rpm の圧延機を使って，板厚を 30 mm に 1 パスで圧延した。このときの平均圧延圧力は 200 MPa，圧延後の板幅は 1 010 mm，圧延材のロール出口速度は $V_1 = 2\,700$ mm/s であった。また，トルクアーム係数 $\lambda = 0.5$ とする。下記の特性を求めなさい。

　　（1）かみ込み角 θ，（2）先進率，（3）圧延荷重，（4）トルクアームと圧延トルク，（5）圧延動力（馬力と電動機動力の両方で）

2） 摩擦係数 $\mu = 0.25$，ロール直径 1 000 mm の圧延機で板厚 50 mm の鋼板を圧延するとき，何 mm の板が圧延できるか。

3） 厚さ 2 mm の板を 1.4 mm に圧延するとき，板のかみ込みが可能なロール直径は何 mm 以上とすべきか。板とロールの間の摩擦係数が，$\mu = 0.05$ と 0.1 の場合について求めなさい。

4） 中立面の位置 ϕ_n は下式で求められることを導きなさい。

$$\phi_n = \frac{1}{2}\theta - \frac{1}{\mu}\left(\frac{\theta}{2}\right)^2$$

　　また，材料がロールにかみ込まれる条件が満たされるとき，すなわち，式(6.5) が満足されるとき，ϕ_n は最大値をとることを示しなさい。

5） 応力-ひずみ曲線が $\sigma = F\varepsilon^n$ で表される材料を，厚み h_0 から h_1 まで圧延加工するときの平均変形抵抗を求めなさい。

6） 直径 350 mm のロールを用いて，室温で幅 2 m，厚さ 2.50 mm のアルミニウム板を 1 回のパスで厚さ 2.00 mm にするのに必要な圧延荷重と圧延動力はいくらか。また，1 パスの圧下量を 0.5 mm から 0.75 mm に増加すると，圧延荷重と圧延動力にどのような影響が出るか。ここで，圧延加工時の平均変形抵抗は $\bar{\sigma} = 156\,\bar{\varepsilon}^{0.23}$ MPa，ロール回転数は 50 rpm とする。

7） 直径 350 mm の鋼製のロールを用いて，あらかじめ 30 ％圧延された幅 150

mm×厚み6mmのアルミニウム板を圧下率20％まで圧延するのに必要な圧延荷重と圧延動力はいくらか。この場合の圧延材の平均変形抵抗，ロール回転数は，問題6）と同じとする。

8） 幅750 mm，厚さ0.80 mmの焼きなまし低炭素鋼板を2回のパスで厚さ0.40 mmに圧延するのに適正な圧下配分と，圧延機の能力および動力を示しなさい。ただし，ここでのロール直径は450 mm，1軸の平均変形抵抗は $\bar{\sigma} = 628\bar{\varepsilon}^{0.20}$ MPa，圧延速度は $v = 2.3$ m/s，圧下力係数 $C = 1.20$ とする。

9） 圧延荷重が1 MNを越えないとして，直径150 mmのロールを持つ4段圧延機を用いて，焼きなました銅および低炭素鋼板を幅400 mm×厚み3.00 mmから幅400 mm×厚み2.40 mmまで圧延するときの圧延スケジュールを求めなさい。また，二つの材料で必要な圧延動力の値を比較しなさい。この場合，鋼の1軸の平均変形抵抗は $\bar{\sigma} = 628\bar{\varepsilon}^{0.20}$ MPa，銅の1軸の平均変形抵抗は $\bar{\sigma} = 180$ MPa，ロール回転数は100 rpmとする。また，圧下力係数 $c = 1.20$ とする。

150頁の脚注：

ここで式(6.29)を3章の塑性力学の規約に従って表示すれば，$p' - \sigma = 2k$（ここで k はせん断降伏応力），また引張りを正とする圧延方向応力 σ_{xx} を利用すれば $p' + \sigma_{xx} = 2k$ である。また接触角 θ が小さい場合，式(6.31)は $p + \sigma_{xx} = 2k$ となり式(6.28)と組み合わせて解析的に解くことができる[7]。

平面ひずみ変形での降伏条件は，式(3.53)，(3.54)に示されている通りミーゼスの降伏条件とトレスカの降伏条件で同じ形となる。平面ひずみ変形において，面内でせん断応力 σ_{xy} のみが生じている単純せん断変形状態での面垂直方向のひずみ増分はゼロである。つまり単純せん断変形状態での降伏条件（せん断降伏応力 k）は，平面ひずみ変形でも一般の応力状態と同じ値を取る。さて，式(6.31)中の引張/圧縮降伏応力 k を3章で利用した正しい表記に従い，せん断降伏応力 k の2倍である $2k$ に置き換えて考えてみる。せん断降伏応力 k と引張（圧縮）降伏応力との関係は，より正確と考えられるミーゼスの降伏条件（図3.17参照）では式(3.48)で与えられるので，降伏条件式(3.39)，(6.29)をミーゼスの降伏条件に対応させ引張/圧縮降伏応力 Y にて表示した場合には，$2k$ は Y ではなく $2Y/\sqrt{3}$ に等しいと考えるべきである。つまり，引張/圧縮降伏応力 Y の1.15倍を降伏条件式，あるいは式(6.31)の右辺として代入する必要がある。

7 引抜き，押出し加工

　当加工法は，その名称からわかるようにダイスを通して材料を引き抜いたり，押し出したりすることにより，素材の断面積を減少し，ダイスと同じ断面形状の製品を製造する加工法である．この加工法は製品の寸法精度が非常によいため，他の加工法では製造できない小断面の線や，複雑な断面形状の形材，管材の製造に用いられている．

7.1 引抜き加工

　引抜き加工は，道路・橋・ビルの建設等に用いられる PC 鋼線，送電線・電車の架線等に使われる電線，通信伝送に必要な光ファイバー等のように長いコイル状の線をつくったり，長くなくても精密なねじ，ばね，センサ素子，電子材料などに使われる精密な線をつくるのに用いられる．それは当加工法の成形精度がきわめて高く，工業的に数 10 μm の精度を容易に出せる上，本加工法でつくられる最小サイズは銅やアルミニウムでは直径で約 10 μm，ステンレス鋼では 5 μm と非常に細い線も製造可能である特徴を有しているからである．しかし，当加工法は加工速度が遅い，手作業の部分が多い，先端を細くするのに手数を要し，圧延や押出しなどに比較して経済的に高くつくという欠点もあり，これが大量生産用の加工法としての障害となっている．

7.1.1 引抜き加工の分類

　中実材の引抜きと，中空材の引抜きに分けられる．

7.1 引抜き加工

〔1〕 中実材の引抜き

図 7.1(a)の方式であるが，製品の直径によって棒材と線材に分けられる。特に直径が 5 mm 以下の細い中実材の引抜きを**線引き加工**という。日常生活で身近に見られる電線，針金，ピアノの弦などの線は，この加工法により製造される。

〔2〕 中空材の引抜き

図 7.1(b)～(f)に示される五つの方式に分類される。

（1） **空引き**　内部に心金を用いずに引き抜く方式で，外径減少だけを目的とする。

（2） **玉引き**　プラグ（心金）がプラグ支持棒により外部に固定されており，肉厚と外径の両方を減少させる方式で，内外面が美しく仕上がる。

（3） **浮きプラグによる方式**　プラグを棒に固定しないで，力の釣合いにより，ダイス孔の中に安定して存在させながら引抜きを行う方式で，数 1 000 m もの細い管の引抜きが可能である。

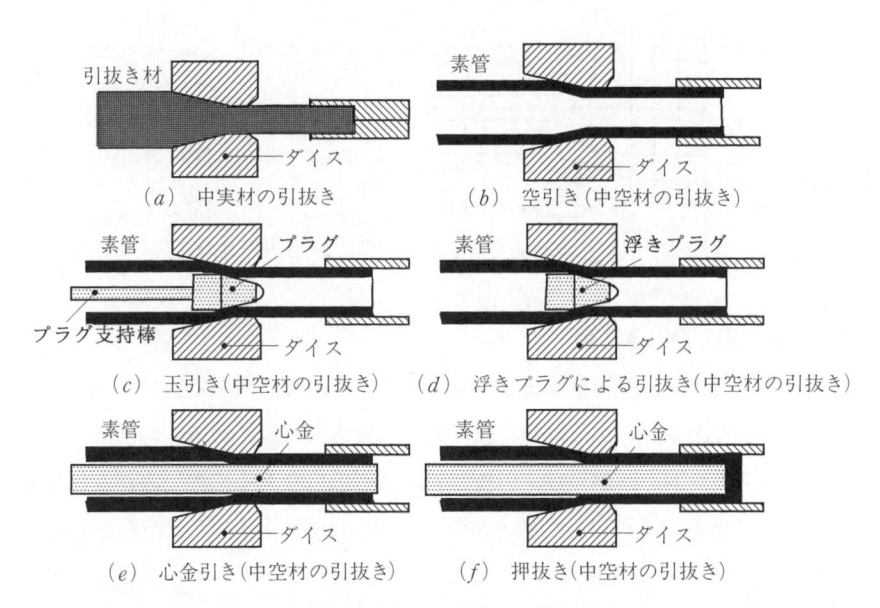

(a) 中実材の引抜き
(b) 空引き（中空材の引抜き）
(c) 玉引き（中空材の引抜き）
(d) 浮きプラグによる引抜き（中空材の引抜き）
(e) 心金引き（中空材の引抜き）
(f) 押抜き（中空材の引抜き）

図 7.1　中実材と管材の引抜き加工法

(4) **心金引き** プラグの代わりに棒状心金を使用する方式。
(5) **押抜き** 心金で底付き大径管を押して引き抜く方式。

7.1.2 引抜き加工の変形機構

前もって格子ひずみ模様を付けた材料を引き抜くと図 **7.2** のように，引抜き前は正方形をしていた網目はダイスを通ると伸ばされ，中央部は長方形に，表層部は長方形がせん断変形された形状になっている。この結果，引抜きは，ダイスから材料に圧縮力をかけながら引っ張る方式といえる。したがって，引抜き法は単に引張力だけの場合より破断し難く，よく伸ばされる。しかし，ダイスから圧縮力を受けるほかに，表層部に引抜き力と逆方向の摩擦によるせん断力もかかるので，中心部の材料は外層部の材料よりも先進（早く進む）し，網目の縦線は弓状になる。この先進の量はダイス角およびダイスと材料の間の摩擦が小さいほど，小さくなる。

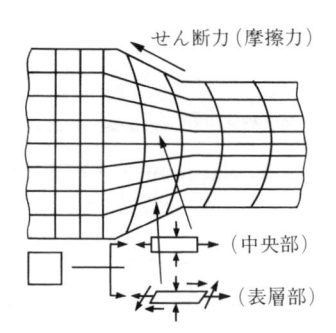

図 7.2 引抜きにおける材料の流れ

7.1.3 引 抜 き 力

引抜き力の推定は引抜き作業を行う上にも，引抜きに用いる機械を設計する上でも必要である。しかし，棒，線，管の引抜き力には，ダイスの形状，断面減少率，引抜き面の摩擦係数，引抜き材の変形抵抗など多くの要因が関係し非常に複雑である。それは，引抜き加工に要する総仕事が図 7.2 からもわかるように，(1) 断面を減少させるための真の変形仕事，(2) ダイス壁での外部摩擦に打ち勝つための摩擦仕事，(3) ダイスの入口と出口で材料流れの方向

を変化させる（すなわち，せん断変形させる）ために消費される余剰仕事等によって構成されるためで，総仕事量である引抜き力は，これらの総和で表されるからである。ところで，この3成分のダイス角による影響は，**図 7.3** のように示されるので，これらの総和である引抜き力には，それが最小になるダイス角が存在する。実際に使用されているダイス角 ($2a$) は，この引抜き力が最小となる角度であり，鋼の場合は $12 \sim 14°$，アルミニウム，銅線の場合は $14 \sim 16°$，管の引抜きの場合は $25 \sim 30°$ の角度となっている。

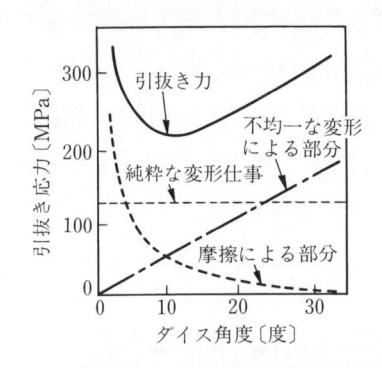

図 7.3 引抜き力の構成例

なお，このほかに引抜き力に影響を与える要因は，引抜き速度，式 (7.1) で定義される断面減少率 R_e，摩擦係数，逆張力などがあげられる。このうち，逆張力というのは，引張方向と反対方向にかける張力のことである。

$$R_e = \left[1 - \left(\frac{D_1}{D_0}\right)^2\right] \times 100 = \left(1 - \frac{A_1}{A_0}\right) \times 100 \, [\%] \tag{7.1}$$

ここで，D_0, D_1：引抜き前後の丸棒の直径，A_0, A_1：引抜き前後の断面積である。

7.1.4 引抜き作業と加工機構

〔**1**〕 引抜き作業と機械

引抜き加工はまずダイスに材料を通すために，口付けロール機で材料の先端の部分を細くする口付け（先付け）作業から行われる。その後，ダイスに通した材料をチャックでつかみ，目的とする線径まで引き抜く。この工程を伸線工

程というが，この工程の前後には表面の研削，熱処理（パテンティング），表面スケールの除去，潤滑剤の塗布および熱処理という図 7.4 に示すような前工程および後工程がつく．そして，適切な熱処理と伸線の組合せによって必要な材質と寸法が得られる．このうち，伸線法には図 7.5 のような 3 種類の方式が活用されている．同図(a)のドローベンチ方式はあまり長尺でない直径の太い棒，管，異形材の引抜きに用いられるが，この方式ではチェーンや油圧シリンダーが移動する台の長さによって，製品の長さが制限される．同図(b)，(c)の方式は，巻き取り用のキャプスタンと呼ばれる動力駆動の車を備えている引抜き法で，ダイスにより連続的に引き抜かれた線材がこのキャプスタンに巻き取られる方式である．この方式にはキャプスタンの周速と線速が等しく，線とキャプスタンとの間にすべりがないノンスリップ式と，両者の間の速度を数 %変えて，すべりを起こすスリップ式とがある．

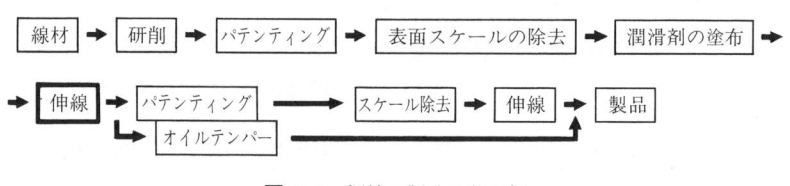

図 7.4 鋼線の製造工程の例

なお，ここで使用されるダイスは，耐摩耗性に優れた工具鋼，超硬合金（WC-TiC-Co 合金など），ダイヤモンドなどが用いられ，最近ではセラミックダイスも使用されている．潤滑剤は，ダイス寿命，引抜き力，引抜き速度限界の向上，およびダイスの焼き付き，破損などを少なくするために，金属石せっけん（高級脂肪酸の Ca，Ba，Na などの金属塩）を主体とし，これに石灰，黒鉛，二硫化モリブデンなどを混ぜた乾式潤滑剤がよく用いられる．

〔2〕 熱処理法

引抜き材の材質をつくり込む熱処理には，伸線の前あるいは伸線中に材料を再結晶させて軟化させたり，加工硬化した線の加工性を回復させるための中間焼きなましと，製品の材質を調整するための仕上げ処理とがある．

7.1 引抜き加工　　159

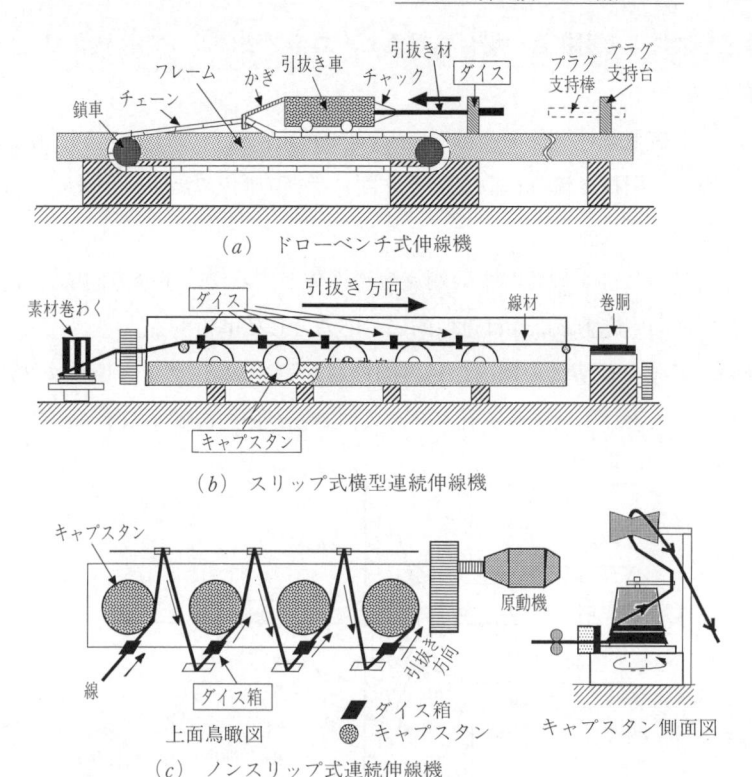

(a) ドローベンチ式伸線機

(b) スリップ式横型連続伸線機

(c) ノンスリップ式連続伸線機

図 7.5　主要な引抜き機械

仕上げ処理には，(1) 変態点以上に加熱し，徐冷する完全焼きなまし法，(2) 鋼線を連続的に 900～1000 °C に加熱し，空気中または 400～550 °C の溶融鉛中で冷却するパテンティング法，(3) 引抜き材を A_3 変態点より 20～30 °C 高い温度に加熱し，その温度から常温の油中に焼入れし，つぎに 200～500 °C に焼き戻しするオイルテンパー法，等がある．このうち，特に (2) は硬線材の製造で最も多く用いられる熱処理であり，(3) は，ばねや PC 線などの鋼線に施される熱処理法である．

7.1.5　引抜き理論

丸棒を引き抜くのに必要な力の理論的解析を，図 7.6 のような円すい形の

160   7. 引抜き，押出し加工

直線ダイスによる引抜きの場合を対象に，スラブ法によって示す。

（前提条件）

（1） 引抜き領域を球面座標 (r, θ, ϕ) で考え，材料には壁から圧力 p が作用し，引抜き流れに直交する球面に半径方向応力 σ_r が一様に分布すると考える。

（2） 材料は加工硬化しない剛完全塑性体とするが，半径方向応力 σ_r および球面内応力 $\sigma_\theta, \sigma_\phi$ は近似的に主応力として解析する。

なお，半径 r 位置での球面の軸方向投影面積を A_r，ダイス頂角を 2α とする。添字 0 および 1 はそれぞれダイス入口および出口の値を示すものとする。

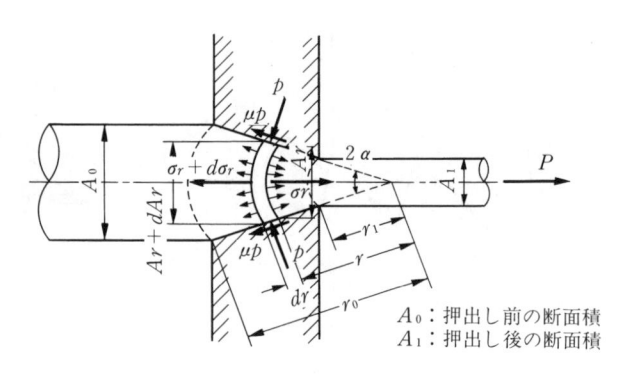

図 **7.6** 丸棒の引抜き変形過程

〔**1**〕 **ダイス角が大きくないとき**

（力の釣合い）

微小要素における軸方向の力の釣合い方程式，式 (7.2) を整理すると式 (7.3) を得る。

$$(\sigma_r + d\sigma_r)(A_r + dA_r) + p\sin\alpha \frac{dA_r}{\sin\alpha} + \mu p \cos\alpha \frac{dA_r}{\sin\alpha} - \sigma_r A_r = 0$$
(7.2)

$$A_r d\sigma_r + \{\sigma_r + p(1 + \mu \cot\alpha)\}dA_r = 0 \tag{7.3}$$

（降伏条件）

加工条件の球対称性から $\sigma_\theta = \sigma_\phi$ なのでミーゼスの降伏条件式は，Y を単

軸降伏応力とすると，$\sigma_r - \sigma_\theta = Y$ となるが，ここで $\sigma_\theta = -p$ なので，式 (7.4) が得られる。

$$\sigma_r + p = Y \tag{7.4}$$

（半径方向の塑性方程式）

式 (7.4) を式 (7.3) に代入して，p を消去すると式 (7.5) が得られる。

$$\frac{d\sigma_r}{\sigma_r \mu \cot\alpha - (1 + \mu \cot\alpha)Y} = \frac{dA_r}{A_r} \tag{7.5}$$

ここで，$B = \mu \cot\alpha$ とおき式 (7.5) を積分すると式 (7.6) となる。

$$\sigma_r = \frac{1}{B}\{CA_r{}^B + (1+B)Y\} \tag{7.6}$$

この場合，C は積分定数であるが，ダイス入口 $A_r = A_0$ では $\sigma_r = 0$ であるので，これから C を求めて式 (7.6) に代入すると，式 (7.7) が得られる。したがって，式 (7.7) よりダイス出口の引抜き応力 σ_{r1} は式 (7.8) となり，引抜き力 P は近似的に式 (7.9) で与えられる。

$$\sigma_r = Y\left(1 + \frac{1}{B}\right)\left\{1 - \left(\frac{A_r}{A_0}\right)^B\right\} \tag{7.7}$$

$$\sigma_{r1} = Y\left(1 + \frac{1}{B}\right)\left\{1 - \left(\frac{A_1}{A_0}\right)^B\right\} \tag{7.8}$$

$$P = A_1 \sigma_{r1} = A_1 Y\left(1 + \frac{1}{B}\right)\left\{1 - \left(\frac{A_1}{A_0}\right)^B\right\} \tag{7.9}$$

なお，引抜きにおける最大断面減少率を**引抜き（伸線）限界**というが，これは加工硬化のない材料に対しては引抜き応力 p がその材料の降伏応力と同じになるときとして求められるので，式 (7.9) の P が $A_1 Y$ に等しいとおくと，引抜き限界時の断面減少率 R_e は式 (7.10) として与えられる。

$$(R_e)_{\max} = 1 - \left(\frac{1}{1+B}\right)^{\frac{1}{B}} \tag{7.10}$$

〔**2**〕 **ダイス角が大きいとき**

ダイス角が大きくなると，ダイス入口および出口において図 7.2 に示したせん断変形に要する力が無視できなくなり，この力だけ引抜き力が余分に必要となる。この付加的な荷重はスラブ法だけによっては求められないので，つぎ

のようなエネルギー的取扱いにより求める。すなわち、引抜き軸に平行な材料繊維はダイス入口と出口において降伏せん断応力 k によってその方向変化が行われる。したがって、ダイス入口でいえば、図 **7.7** において材料が軸方向の微小長さ dz にわたってせん断ひずみ $\theta = (y/y_0)\alpha$ を受けると考える。この場合、せん断のため消費される仕事 W は入口の面積を A_0 とし、α をラジアンで表示すると、式 (7.11) となる。

$$W = \int_0^{y_0} 2\pi y \, k \, \theta \, dzdy = \frac{2}{3} k \, \alpha \, A_0 dz \tag{7.11}$$

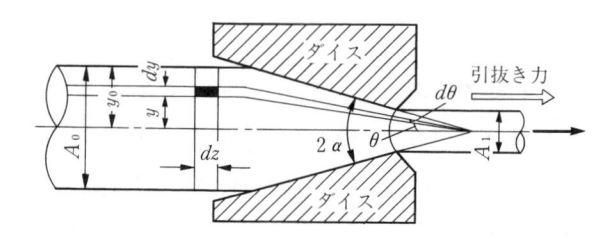

図 **7.7** 引抜き時に発生する付加的せん断応力

この仕事が入口断面の軸方向引張応力 σ_s によって成されると考えると、入口断面においては $W = \sigma_s A_0 dz$ であるので、これと式 (7.11) が等しいと置き、$k = Y/\sqrt{3}$ をも考慮すると式 (7.12) が得られる。

$$\sigma_s = \frac{2}{3} k\alpha = \frac{2}{3\sqrt{3}} \alpha Y \tag{7.12}$$

ダイス出口においても、材料は同じ引抜き応力でもとの方向に変えられるので出口での引抜き応力の付加分 σ_s も式 (7.12) で与えられることになる。その結果、せん断変形に要する付加的な軸方向の力は $2\sigma_s$ ということになるので、式 (7.8) にこれを付け加えると式 (7.13) が得られる。これから引抜き応力とダイス頂角との関係を計算すると、図 **7.8** のようになる。同図において、σ_1 は式 (7.13) の第 1 項を示し、ダイス角 α に依存しない項で理想変形に要する応力を、σ_2 は同式の第 2 項を示し、α の減少とともに増加する項で摩擦による力を、σ_3 は同式の第 3 項を示し、α の増加とともに増加する項でせん断変形に要する応力をそれぞれ表している。

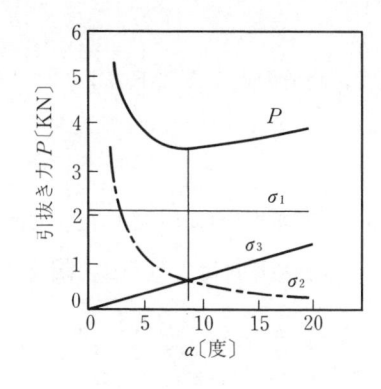

図 7.8 引抜き力とダイス角の関係例

$$\sigma_{r1} = Y\left[\left(1+\frac{1}{B}\right)\left\{1-\left(\frac{A_1}{A_0}\right)^B\right\}+\frac{4\alpha}{3\sqrt{3}}\right]$$

$$\fallingdotseq Y\left\{(1+B)\ln\frac{A_0}{A_1}+\frac{4\alpha}{3\sqrt{3}}\right\} \qquad \text{ここで } B=\mu\cot\alpha \qquad (7.13)$$

この結果，引抜き応力は式 (7.14) で与えられるダイス角で最小となるが，この角度を**最適ダイス角**と呼び，7.1.3 項に示した角度となる。

$$\alpha_{\min} = \sqrt{1.3\mu\ln\left(\frac{A_0}{A_1}\right)} \qquad (7.14)$$

7.2 押出し加工

　押出し加工は，コンテナの中に入れた素材（ビレット）に圧縮荷重を加えてダイスを通して目的の断面形状や断面積に押し出す加工方法をいう。この加工法は圧縮応力下で行われるため材料が破断する危険が少ないので，図 **7.9** のように複雑な断面形状の成形が可能であり，ステンレス鋼，銅，アルミニウム合金，チタニウム合金などの線，棒，管，異形材の成形に使われている。

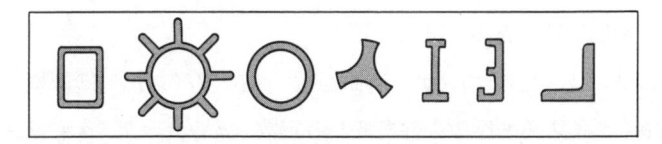

図 **7.9** 押出し製品の断面例

7.2.1 押出し加工の分類

押出し加工は，負荷形態，加工温度，潤滑の点から以下のように分類される。

〔1〕 負荷形態からの分類

押出しを負荷形態の点から分類すると，直接押出し（あるいは前方押出し），間接押出し（あるいは後方押出し）および静水圧押出しがあり，図 7.10 の三つの形態に分類される。

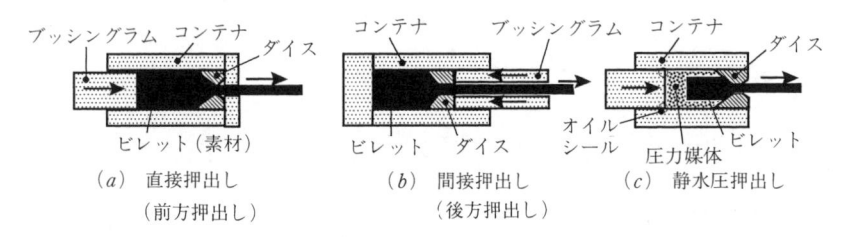

図 7.10 押出し方式の種類

(1) 直接押出し法　前方押出し法ともいわれる方法で，ラムの進行方向と製品の進行方向が同一である図 7.10(a) のような方式である。この方式は製品の長さ，形状に対する制約が少ないので，多くの押出し加工で使われている。しかし，コンテナと素材との間に摩擦抵抗が存在するため，摩擦係数が大きい場合やビレットの長さが長い場合には，押出し開始時に図 7.11 のように大きな押出し圧力が必要となる欠点がある。この方式における押出し力 P は，簡易的に式 (7.15) で求められる。

$$P = C A k_m \tag{7.15}$$

ここで

C：拘束係数　$C = a + b \ln R$ (7.16)

R：押出し比　$R = A_0/A_1$ (7.17)

A_0：ダイス入口（コンテナ）断面積　A_1：ダイス出口断面積

a, b：ダイス角や摩擦条件で変わる定数（$a = 0 \sim 1, b = 1 \sim 2$）

k_m：平均変形抵抗

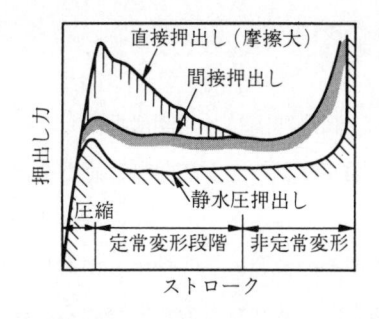

図 *7.11*　押出し圧力-ラムストローク線図

（2）**間接押出し法**　後方押出し法ともいわれる方法で，ラムの進行方向と製品の進行方向が逆方向となる図 *7.10*(*b*)のような方式である。この方式はコンテナと素材の間のすべりがないので，図 *7.11* のように摩擦による力の損失，すなわち動力損失が少ない上，くず金も10％程度ですむという利点がある。しかし，ラム側に製品が出てくるので，製品の長さに制約があり，用途としては小物部品の押出しに限定される。

（3）**静水圧押出し法**　ラムのみで加圧するのではなく，ひまし油や耐熱グリース等の圧力媒体の中で素材を加圧して押し出す図 *7.10*(*c*)の方式である。この方法によるとコンテナと素材の間で圧力媒体が潤滑となり摩擦が発生しないので，押出し力は図 *7.11* のように最も小さくなる。設備は多少複雑になるが，硬くてもろい材料の押出しも可能になる上，材料が均一に押し出されるので，超伝導線などの押出しにも適用されている。

〔2〕　**加工温度からの分類**

押出し加工を温度の点からみると，熱間押出し加工と冷間押出し加工に大別される。熱間押出し加工は，素材を再結晶温度以上に加熱して押し出す加工法で，変形抵抗を小さくすると同時に，室温ではもろくて加工できない鋳塊を押し出して鍛造組織にしたり，成形したりもでき，一般の工業材料の押出しに広く使用されている。

冷間押出し加工は変形抵抗が小さい材料で，かつ押出し後の強度が要求されるものに適用される場合が多い。この加工法に適用される材料は比較的小型のものが多いが，押出し速度は速く，製品の仕上がりもよい。使用されるプレス

はナックルプレスその他の機械プレスが多い。

〔3〕 潤滑からの分類

潤滑の点から押出し法を分類すると，潤滑押出しと無潤滑押出しとに分類される。押出しにおける潤滑の効果は，図 *7.12* のように押出し荷重を低下させるばかりでなく，押出し材の表面を滑らかにし，かつ，工具の焼付きや摩耗も少なくする。潤滑剤としては，銅およびその合金の熱間押出しに対しては黒鉛や，二硫化モリブデンにグリース・油を混合させたものが使われる。一方，冷間押出し法の潤滑剤には，りん酸塩皮膜がよく用いられている。無潤滑押出しは，アルミニウム合金や銅合金等の一般の熱間押出しに用いられており，7.2.2項で示すデッドメタル上を材料がせん断変形されながら押し出される機構になっている。

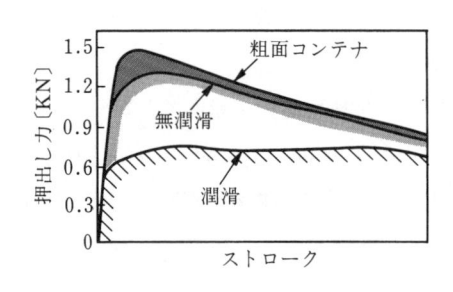

図 *7.12* 直接押出しにおける潤滑の影響

7.2.2 押出し加工の変形機構

押出し加工時の材料の流れを断面に格子ひずみ模様をけがいて観察すると，潤滑の良否によって図 *7.13* のように三つの形に分けられる。同図(a)は材料とコンテナの間の摩擦が少なく，均一に塑性材料を押し出す場合で，格子はダイスのごく近くまで各層とも均質に移動する場合である。したがって，この場合は潤滑押出しの状態に近く，鉛，スズなどの冷間押出しの場合がこれに相当する。同図(b)は材料とコンテナの間に摩擦がある状態で，銅やアルミニウム合金の押出しのときに相当する。同図(c)は摩擦が高く，不均一な塑性材料を押し出す場合で，($\alpha + \beta$)黄銅の熱間押出しのような場合に相当する。同図(b)，(c)の場合のように材料とコンテナの間で潤滑効果が十分現れない場合

7.2 押出し加工

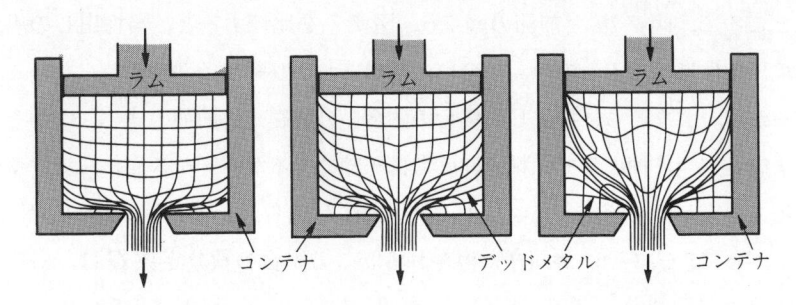

(a) 摩擦が小さいとき　(b) 摩擦が中くらいのとき　(c) 摩擦が大きいとき

図 **7.13** 直接押出しにおける材料の流れ

は，素材の中央部分が表面より早く流れ，ダイスに接触している部分は工具との摩擦のために流動しにくくなり，ダイス開口部近傍には材料がほとんど流動しない**デッドメタル**領域ができる。この領域はダイス面の摩擦が大きいほど，またダイス角 α が大きくなるほど増大する。したがって，ダイス角度やダイス形状の設計は重要となる。

7.2.3 押出し理論

押出しに必要な力の理論的解析は，スラブ法による解析，すべり線場理論による解析，上界法による解析など，種々試みられている。ここでは，最も解析的に理解しやすいスラブ法による解析法を紹介する。この場合，理論をわかりやすくするため，円すいダイスを用いて図 **7.14** のように丸棒を直接押出しする場合を対象とする。

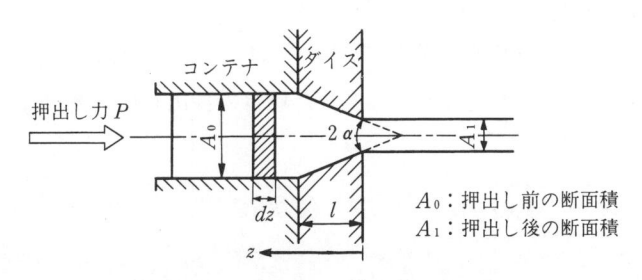

A_0 : 押出し前の断面積
A_1 : 押出し後の断面積

図 **7.14** 円すいダイスによる押出し

ところで，図 7.14 と前節の図 7.6，図 7.7 を比較すると，当押出しの場合は境界条件は異なるものの，釣合いの基礎式および降伏条件は変わらないことがわかる．すなわち，押出しの場合の釣合いの基礎式は前節の式 (7.3) がそのまま成り立つ．押出しでは軸方向応力は圧縮であるが，ダイス面から受ける圧縮応力の方が絶対値が大きいため，降伏条件も式 (7.4) がそのまま成り立つ．したがって，式 (7.6) が同様に導かれる．この場合の積分定数 C は，引抜きの場合とは異なり，ダイス出口 $A_r = A_1$ において $\sigma_r = 0$ であるので，これを式 (7.6) に代入して求める．圧縮力をプラスで表して押出しのときの σ_r を求めると，式 (7.18) となる．

$$\sigma_r = Y\left(1 + \frac{1}{B}\right)\left\{\left(\frac{A_r}{A_1}\right)^B - 1\right\} \tag{7.18}$$

したがって，押出し圧力 P は式 (7.19) で示される．

$$P = A_0\,\sigma_{r0} = A_0 Y\left(1 + \frac{1}{B}\right)\left\{\left(\frac{A_0}{A_1}\right)^B - 1\right\} \tag{7.19}$$

また，摩擦のためにデッドメタルが形成されるような場合には，近似的に $\alpha = 45°$ の固着摩擦と考えて $\mu = 1/\sqrt{3} = 0.577$，$\alpha = 45°$ とすると，式 (7.18) は式 (7.20) となる．

$$\sigma_{r0} = 2.73\,Y\left\{\left(\frac{A_0}{A_1}\right)^{0.577} - 1\right\} \tag{7.20}$$

一方，コンテナ壁の摩擦をすべり摩擦と考えるときは，ダイス出口から z の距離に dz 断面を考え，コンテナと材料の間の摩擦係数を μ とすると，z 方向の釣合い条件は式 (7.21) となり，式 (7.22) を得る．

$$\{(\sigma_z + d\sigma_z) - \sigma_z\}A_0 = 2\,\mu\,\sigma_z\sqrt{\pi A_0} \tag{7.21}$$

したがって，式 (7.22) を積分してダイス入口 $z = l$ で式 (7.18) が成立すると仮定すればコンテナ壁摩擦を考慮した場合の押出し圧力 σ_T は，式 (7.23) となる．

$$\frac{d\sigma_z}{\sigma_z} = \frac{2\mu\sqrt{\pi}}{\sqrt{A_0}}dz \tag{7.22}$$

$$\sigma_T = \sigma_r \exp\left\{\frac{2\mu\sqrt{\pi}}{\sqrt{A_0}}(z-l)\right\}$$

すなわち

$$\left.\sigma_T = Y\left(1+\frac{1}{B}\right)\left\{\left(\frac{A_0}{A_1}\right)^B - 1\right\}\exp\left\{\frac{2\mu\sqrt{\pi}}{\sqrt{A_0}}(z-l)\right\}\right\} \quad (7.23)$$

演 習 問 題

1) 直径 6.35 mm のアルミニウム線材を直径 5.70 mm に引き抜く場合, $Y=30$ MPa, $\mu=0.04$, ダイス角 $\alpha=10°6'$ における引抜き力を求めなさい．

2) 引抜き加工により $\phi 10$ mm の棒を $\phi 9$ mm にしたとき, 断面減少率 R_e と引抜き力 F を求めなさい．ただし, $\mu=0.05$, $\alpha=5°$, $Y=300$ MPa とする．

3) 直径 2.50 mm の銅線を直径 2.2 mm まで引抜くときの最適ダイス角と最小引抜き力を求めなさい．ただし, このとき $\mu=0.05$, 降伏応力 $Y=200$ MPa とする．

4) $\alpha=6°$, $\mu=0.05$ としたとき, 伸線限界を求めなさい．

5) 応力-ひずみ曲線が $\sigma=F\varepsilon^n$ で与えられる加工硬化材料の理想的な引抜きにおける引抜き限界を与える式を作り, 加工硬化指数の大きさによる影響を示しなさい．

6) 平均変形抵抗 $\bar{\sigma}$ が 100 MPa の材料を, コンテナの断面積 500 mm² の直接押出しにより, 押出し比が 10 の押出しを行った．このときの拘束係数 C は $a=0$, $b=2.0$ であったとすると, 押出し力はいくらになるか．

7) 低炭素鋼の間接押出しにより容器状の製品を加工するとき, 容器の側壁の厚さはどの程度薄くできるか．ただし, 素材と容器の外形はいずれも 50 mm であり, 拘束の係数 $a=0.5$, $b=1.5$ とする．また, 変形抵抗 $\bar{\sigma}=800$ MPa, 工具の耐圧限度を 2 500 MPa とする．

8 せん断加工

　せん断加工は，その目的に応じた形状の工具を用いて材料のある断面に局所的に大きなせん断変形を与えて，目的の形状・寸法に切断分離する加工法の総称である。せん断加工は板材の加工に多く用いられているが，棒，線，管の切断にも用いられており，塑性加工の中できわめて多く用いられている加工法の一つである。

8.1 せん断加工の種類

せん断加工はその目的によって，図 8.1 のように分類される。
(a) 打抜き：板状の材料から必要な形状の製品を切り抜く加工

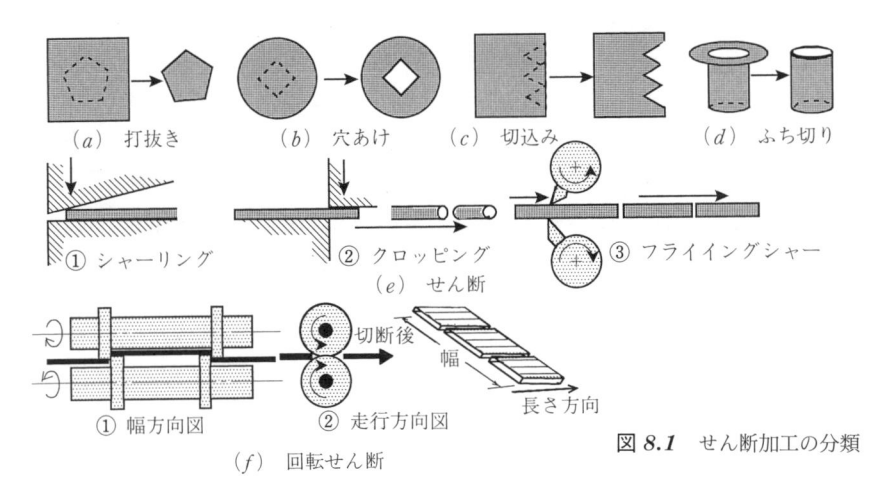

(a) 打抜き　　(b) 穴あけ　　(c) 切込み　　(d) ふち切り

① シャーリング　　② クロッピング　　③ フライイングシャー
(e) せん断

① 幅方向図　　② 走行方向図
(f) 回転せん断

図 8.1　せん断加工の分類

(b) 穴あけ：製品板に必要な穴をあける加工
(c) 切込み：素板の周辺の一部を切り欠くように切り取る加工
(d) 縁切り：プレス成形した製品の耳およびその他の余肉を切り取る加工
(e) せん断：せん断機を用いて大きな金属材あるいはコイル材から必要な大きさの定尺材を切断する加工
(f) 回転せん断：広幅コイル材を回転する刃を用いたせん断によって，適当な幅の帯板に切断する加工

このうち，(a)～(c)はプレス機にポンチとダイスを取り付けて行われるが，(d)～(f)は専用せん断機を用いて行われる。

8.2 せん断加工における変形機構

せん断加工における変形機構を，ポンチとダイスによる打抜きや，穴あけの場合を例にして図 *8.2* を用いて説明する。

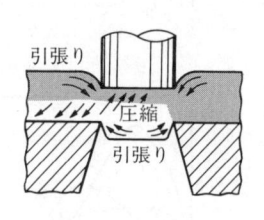

(a) せん断加工例　　(b) クラックの開始と結合

図 *8.2*　せん断過程

(1) ポンチが下降して材料に接触し，食い込み始めると，板には引張応力と圧縮応力が生じ，刃先部分の材料は塑性変形を始める。このとき，図 *8.3* のクリアランス部分（隙間 c の部分）と，そのごく近傍の材料にはせん断力 P と，これによるモーメント（≒cP）が発生し，材料は曲げ変形を受けポンチの下で湾曲して工具面を離れる。同時に，ダイスに板押えがなければ材料は跳ね上がる。そのため工具には側方力 f が働く。

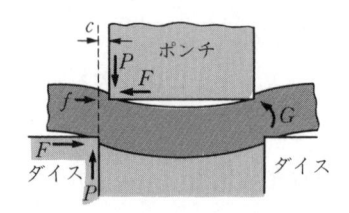

図 **8.3** 刃先に作用する力

（2）ポンチがさらに下降して材料に食い込むと，材料は大きな引張ひずみを受け加工硬化し，その材料の変形能の限界に達すると，ついにそこから図 8.2(*b*) のようにクラックが生じる。この間のポンチストロークとせん断力の関係は，図 **8.4** のようになるが，同図で点 B がクラック発生点となる。

（3）いったんクラックが発生するとクラック部には応力集中が起こり，小さいせん断力でクラックは成長を続け，最後にポンチ，ダイスから出た上下のクラックが結合し，せん断過程は完了する。図 **8.4** の関係は，金属によって図 **8.5** のように変わり，クラックが発生し，分離が完了する点は軟鋼では $s/t_0 \approx 0.65$，アルミニウムでは $s/t_0 \geqq 1.0$ という具合に材料の種類や性質によっていろいろ変化する。このため，せん断力を材料の応力-ひずみ曲線と結びつけて評価することはきわめて困難である。

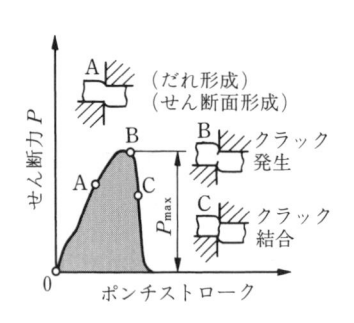

図 **8.4** せん断力-ストローク線図と材料の変形状態の関係

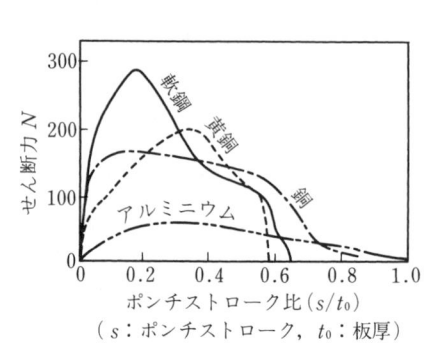

図 **8.5** 各種金属におけるせん断荷重-工程線図

8.3　せん断加工における加工力

〔1〕　せん断抵抗

せん断力の最大値 $P_{\max}$（図 8.4 の点 B）を材料のせん断切り口の総断面積で割った値，すなわち単位切り口面積当りの最大せん断力のことを**せん断抵抗**といい，式 (8.1) で表す．

$$k_s = \frac{P_{\max}}{t_0 l} \tag{8.1}$$

ここで，k_s：せん断抵抗，$P_{\max}$：最大せん断力，t_0：板厚，l：せん断切り口輪郭長さである．

各種材料に対するせん断抵抗 k_s は，多くの金属でその引張強さの 0.7〜0.8 倍であるが，硬い材料では 0.5 倍に近い値になる．

〔2〕　側 方 力

紙を手押しカッターで切るとき，紙の枚数が多くなると移動刃が側方に逃げることがあるが，この現象は図 8.3 に示した側方力 f のためである．この現象は，実際のせん断作業においても起こり，シャーにより板を切断する場合，移動刃を側方に動かす力として現れる．

この側方力 f は図 8.3 からわかるように，ほぼせん断力 P に比例して増大する．そこで，側方力の最大値 $f_{\max}$ と最大せん断力 $P_{\max}$ の比 $\lambda = f_{\max}/P_{\max}$ をとると，クリアランスが小さいときには，λ は 0.1〜0.3 の値をとる．

8.4　せん断製品の形状，精度

8.4.1　せん断切り口の形状

せん断製品の切り口面は，図 8.6 に示すように以下の四つの部分から成り立っている．

1)　だ　れ：工具が食い込むときに変形した部分

174   8. せん断加工

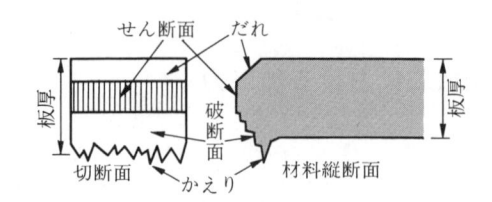

図 8.6 せん断切り口面の形状

2) せん断面：せん断ひずみを受け工具側面でこすられた光沢のある部分
3) 破断面：クラックを生じ破断した，微小凹凸の激しい部分
4) かえり：かえりの発生部分

このような切り口面の形状は，板の材質やクリアランスの大小により大きく変化する。例えば，クリアランスについていうと，これが小さいほどせん断面が増加し，せん断力も増加する。一方，これが大きくなると，せん断面が減少し，だれ，破断面，かえりが増大する。したがって，せん断力が少なくて切り口の良好な製品をつくるためには適正なクリアランスを必要とする。このクリアランスは特に，図 8.2(b)のせん断過程に大きく作用する。すなわち，クリアランスが適正であればクラックの結合は同図(b)のように起こるが，クリアランスの値が過大であったり過小であると図 8.7のように，両方のクラックの結合がうまく行かない。例えば，クリアランスが過大であると，同図(a)のように上下両方からのクラックがたがいに離れ過ぎ，スムーズに会合しないため，良好な切り口面とならない。またクリアランスが過小の場合はクラックは同図(b)のように行き違いになる。そして，工具面から突き出した部分はもう一度新たなせん断（2次せん断）を受け，舌の形状のタングといわれる2次せ

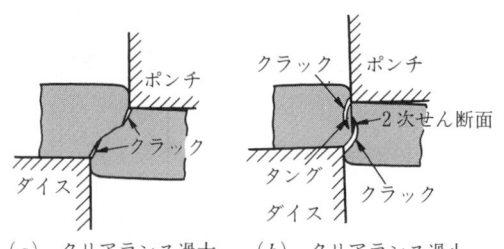

(a) クリアランス過大   (b) クリアランス過小
図 8.7 クリアランスとクラックの成長の差異

ん断面となる。この結果，せん断製品の切り口面形状のクリアランスによる違いを定性的にまとめると図 8.8 のように示される。

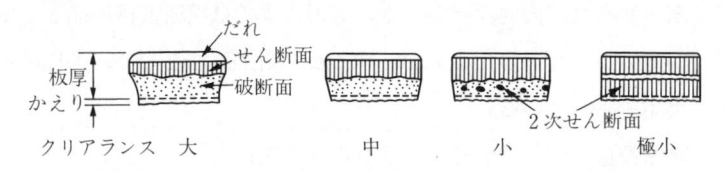

図 8.8 せん断製品の切り口面形状とクリアランスの関係

8.4.2 せん断製品の形状と寸法精度

〔1〕 湾　　曲

打抜き製品では湾曲が問題になることが多い。これはせん断時のクリアランス部分に図 8.3 で示した外力が作用し，これにより材料は曲げモーメントを受けるが，そのモーメントが大きいと材料は塑性変形して湾曲が残る。この残留湾曲は，曲げモーメントが大きいほど，すなわちクリアランスが大きいほど大きくなるが，逆にクリアランスを小さくし過ぎても，湾曲を増大することがあるので注意を要する。

〔2〕 寸 法 精 度

一般の打抜製品の場合は，製品の寸法のほうがダイ穴寸法よりわずかに小さいが，場合によっては打抜き後の外径が，ダイ穴直径より大きくなったり，打抜き穴の直径がポンチ外径より小さくなることがある。これは，打抜き中に材料が湾曲を起こしたり，側方力によって工具が弾性変形するためなので，クリアランスをあまりにも小さくすることには注意を要する。

8.5　精密せん断加工

せん断加工は，かつては素板や普通精度の製品をせん断するのに使われていたが，生産性が高い利点を生かして，最近では歯車，カム，レバーなどの精密機械部品や，半導体のリードフレームのような電子部品の製作にまで活用され

るようになり，当加工に要求される精度は非常に厳しくなってきた。しかし，上述のように，せん断製品の切り口面には原理的に機械加工製品にはない，だれ，破断面，かえり，湾曲などができ，このままでは精密機械部品として使えないことが多い。これらの欠点をなくするせん断加工法として，各種の精密せん断法が実用化されている。

〔**1**〕 **精密打抜き法（ファインブランキング法）**

通常の打抜き加工に用いられるポンチとダイスのほかに，ポンチの周囲にある板押えとダイス穴の中にある逆板押えを取り付け，素板に圧縮力を加えながら打抜き加工を行う図 **8.9** の方法をいう。この場合，ポンチ周囲の板押えには通常 V 字形の断面形状を持つ突起を付け，ポンチとダイスの間のクリアランスを 0.01 mm 程度ときわめて小さくして打ち抜くと，平滑な切り口面が得られ，板面に対する切り口面の直角度，寸法精度および形状精度も向上する。この方法は，広範囲の材料に適用可能であり，製品の寸法精度もよいので，現在，自動車部品，事務機器部品等の製造に広く用いられている。

(*a*) 切断中　　(*b*) 切断分離時　　図 *8.9*　精密せん断法

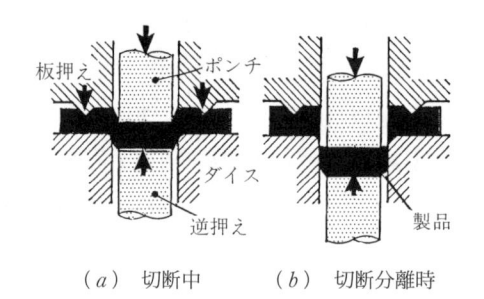

〔**2**〕 **シェービング法**

シェービング加工は，せん断製品の切り口面をよくするために，切り口面に現れる *a* の部分を，図 *8.10* のようにポンチとダイスで削り取り，精度の高い平滑な面に仕上げることを目的とした加工法で，一種の切削加工法である。そのため，図 *8.11* のように外径シェービング・内径シェービングの 2 種類がある。この加工法は，せん断加工からシェービング加工へと 2 工程を必要とすることになり，一見，非能率的な方法のように思えるが，工具寿数，素板の歩

8.5 精密せん断加工

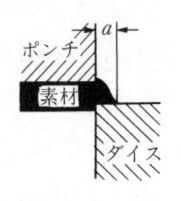

図 8.10 シェービング加工法

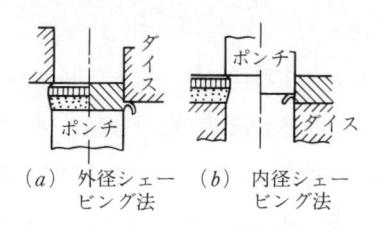

図 8.11 シェービング加工法の種類
(a) 外径シェービング法
(b) 内径シェービング法

留りなどの点から安定した作業を行うには，この方法によらなければならない場合が多い。この方法は，小形歯車，カム，レバー，爪などの加工によく使用される。

〔3〕 対向ダイスせん断法

シェービング法の利点である切削による加工機構を取り入れつつ，プレスの1ストロークでせん断加工が行える方法としたのが，このせん断加工法である。本法は，図 8.12 のように突起付きダイスと下の平ダイスで板を加圧することにより，板厚の75％くらいまで抜きカスを出しつつせん断を行い，ついでノックアウト工具を下げて両ダイス間に挟まれた抜きカスを，圧縮応力が作用している状態でせん断する方法である。この方法によると，突起付きダイスを切り込ませることで，かえりが押さえられ，切り口面はきわめて平滑で，シェービングなみの精度が得られる。

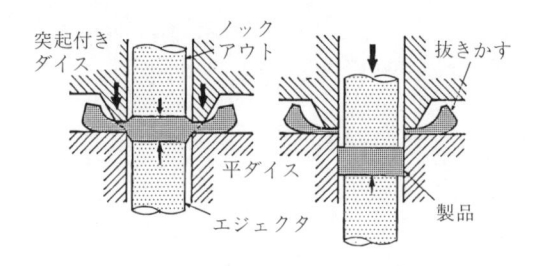

図 8.12 対向ダイスせん断法

〔4〕 その他の精密せん断加工法

（1） 仕上げ打抜き法　　クリアランスをきわめて小さくした状態で，ダイスまたはポンチの刃先に素板の10～25％の大きさの丸みをつけて打ち抜くせ

ん断法。

（*2*）　**上下打抜き法**　　上下同形のせん断工具を用意し，一体となった上下のポンチを適当量ずつ往復運動させて打ち抜く，かえりを出さない打抜き法。

（*3*）　**拘束せん断法**　　棒材のせん断法で，軸方向に圧縮力を加えながらせん断する方法と，ダイス切刃上の材料をクランプして軸方向の移動を拘束することによって圧縮力を生じさせながらせん断する方法の二つがある。いずれも材料を圧縮応力状態下におくことにより，破壊を生じにくくして，塑性変形能を増大させることにより，精密せん断を行う方法である。

演　習　問　題

1）　管と棒のせん断方法について詳しく調べなさい。
2）　穴あけポンチの底面は平らではなく，わずかにへこんでいる。その理由を調べなさい。
3）　せん断抵抗 500 MPa，板厚 0.5 mm の鋼板に直径 100 mm の丸穴を打ち抜く場合の，最大せん断荷重を求めなさい。

9 板の成形加工

私たちの日常生活で使用している容器や，いろいろな形の部品の多くは，板を絞り加工や張出し加工というような多種の成形加工をして，形づくられている。このような多様な形状をつくる成形加工法には，どのような加工法があるのであろうか。

9.1 絞り加工の分類

一般に絞り加工とは，ポンチおよびダイスを使って平らな板から，継目のない底の付いた容器を成形する加工法をいう。この加工法は，円筒，角筒，円すい状の容器のほかに，日用品から，電気部品，自動車および航空機のボディなどまで，多種多様の部品をつくるのに広く利用されていて，その方法と規模等の点から，以下のように分類されている。

（1）ついき（鎚起）法　　手工的につちで打出しする方法。歴史的には最も古いが，近代工業で要求される互換性や多量生産を期待できないため，現在では工芸品の製作に用いられる程度である。

（2）へら加工（スピニング加工）　　型とともに素材を回転させ，へらまたはローラーで板を型に押し付けて絞る方法。数量のあまり多くない任意断面形状の回転体を成形するのに適している。

（3）プレス絞り　　絞り金型をプレス機に取り付けて絞る方法。近年，急速な進歩を遂げ多量生産方式として広く利用されている。

（4）高エネルギー速度加工　　（1）～（3）の方法では困難な材料の加工法

として近年登場した衝撃波（火薬，電磁気等による）を利用して成形する方法である。

このうち現在，最も多く使用されているのはプレス絞り法であるので，まずは，この方法を用いて円板から円筒形の容器を成形する絞り加工の原理と，その加工法を述べる。

〔1〕 プレス絞り法

絞り作業は以下の手順で行う。

(1) 大きい直径の丸い円形の素板を，図 9.1 (a)のように，成形したい容器の外径とほぼ等しい穴をあけたダイスの上に置く。

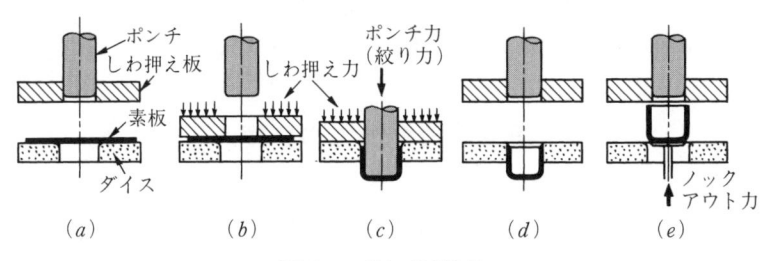

図 9.1 絞り成形過程

(2) 素板を容器の内径とほぼ等しい径のポンチでダイスの中に押し込む。

① この場合，素板のダイス穴より外に出ている部分をフランジというが，このフランジ部はダイス穴に絞り込まれるため，円周方向に圧縮応力を受ける。

② しかし，板が薄い場合，フランジ部は座屈してしわを起こしやすいので，しわの発生を防ぐために図 9.1(b)のようなしわ押えをつける。これによりフランジ部は，ダイスとしわ押えの間を滑りながら，同図(c)のように順次ダイス穴に絞り込まれ，円筒壁となる。

(3) その後，ポンチおよびしわ押えを同図(d)のように上げる。

(4) さらに容器を底から押し同図(e)のようにダイスから容器を取り出す。

〔2〕 絞り設備の構成

絞り加工法は，以上のようにポンチ，ダイス，しわ押え板を用いて，平らな

板から継目のない底の付いた容器を成形する方法である。したがって，この場合の絞り設備としては図 *9.2* のような構成の工具を必要とする。

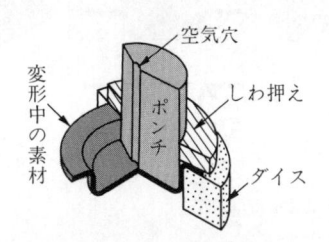

図 *9.2*　円筒絞りの工具

〔*3*〕　**絞り加工時の変形様式**

絞り加工時の変形様式を，円形素板にあらかじめ図 *9.3* のようにけがかれた半径線と同心円目盛りの変化から半径方向ひずみと円周方向のひずみを調べると，以下の 4 種類に分類される。

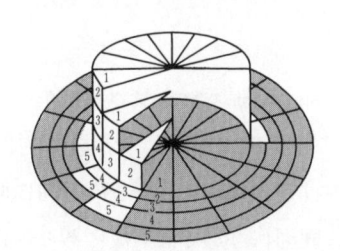

図 *9.3*　円筒絞りの変形測定用
　　　　　目盛り線

（*1*）　**深絞り成形**　　加工後の円周方向ひずみが負になるような成形をいい，図 *9.4*(*a*)のような成形法として代表される。同図において，ポンチ肩部が図 *9.5* のようにわずか張り出されるが，成形の大部分を示す図 9.5 の AB，CD 間では深絞り成形である。

（*2*）　**張出し成形**　　加工後の円周方向ひずみが正になるような成形法をいい，図 *9.4*(*b*)のようにフランジ部にビードをつけてフランジ部の絞り込みを阻止するような成形をいう。ひずみの点からいうと，図 9.5 の BC 間は張出し成形である。多くの成形において，深絞りと張出しは同図のように複合された形で行われ，ポンチ底に接する部分は張出し成形で，ポンチ側壁からフランジ部にかけての材料は深絞り成形を受けている。このような成形を厳密には絞

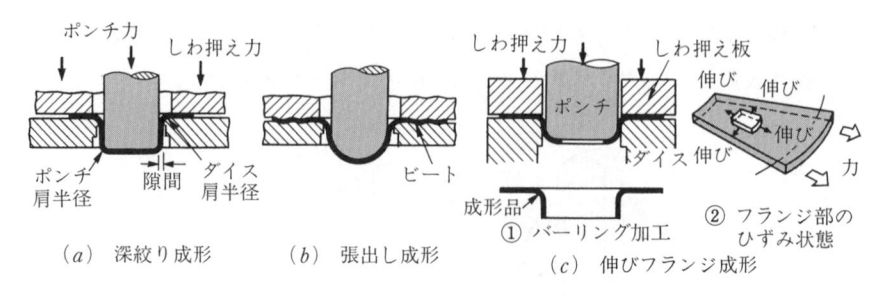

図 9.4 基本的絞り成形法

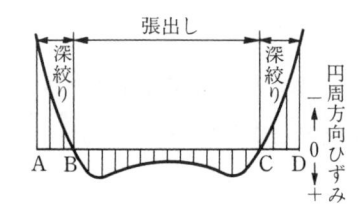

(a) 深絞り成形
(b) 張出し成形
(c) 伸びフランジ成形
① バーリング加工
② フランジ部のひずみ状態

図 9.5 絞り成形後の円周方向ひずみ分布

り-張出し複合成形という。

 (3) **伸びフランジ成形**　フランジ部が引張変形を受ける成形で，図 9.4 (c)②のようにひずみが引張り-引張りとなる成形をいう。具体的には同図 (c)①のように，板をダイスの肩部で曲げると同時に，板を周方向に伸ばすことによって側壁を成形する方法である。同図 (c)①では素板にあらかじめあけた穴をポンチに沿わせながらポンチ直径まで広げる伸びフランジ加工を例示しているが，この例の加工は特にバーリング加工と呼ばれている。

 (4) **曲げ成形**　絞り成形におけるダイスの肩部およびポンチ肩部の変形は，曲げ変形である。したがって，絞り加工はなんらかの形で必ず曲げ変形を伴う加工法といえる。

9.2 深絞り加工

 絞り加工でつくられる製品の多くは，単純な円筒形状ではなく，種々雑多な複雑な形状をしている。そのため，これらの製品の絞り解析は非常に難しく，

たとえ一つの製品に対して解析できたとしても，形状の異なる他の製品の絞り加工に応用することは困難である．そこで，本書においては，絞り成形の基本形状であり軸対称変形である円筒形状の絞りと，絞り形状が正方形あるいは長方形である角筒形状の絞りを対象にして説明する．以下に，両形状の絞り変形時の変形挙動と変形特性について述べる．

9.2.1 深絞りにおける材料の変形挙動
〔1〕 円筒絞り

絞り成形を行う素板（ブランク）に図 9.3 のような目盛線を入れて，円筒絞りにおけるこれらひずみ分布を測定することにより，絞り変形中の部位による応力分布を求めると定性的には図 9.6 のように示される．

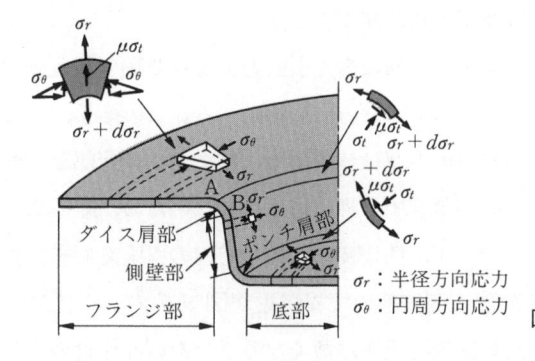

図 9.6 円筒絞り過程における応力状態

σ_r：半径方向応力
σ_t：円周方向応力

(1) フランジ部　ポンチにより素板がダイス穴に向かって押し込まれるため，フランジ部に半径方向の引張力が働き引張ひずみとなるが，円周方向には材料を縮ませようとする圧縮力が働き，圧縮ひずみとなる．この場合の圧縮力は，ダイス穴方向とは逆向きの力成分を有しているため，ダイス穴への移動抵抗（絞り抵抗）となる．そのため，この力はフランジ部にしわを発生させるもとになるが，しわ抑え板の作用によりしわができない場合は，半径方向は伸び，板厚は厚くなる．

(2) ダイス肩部　材料は，点 A で曲げを受け，点 B で曲げ戻されるが，半径方向の引張応力の下で円周方向の縮み変形と半径方向の曲げ変形を受

けて板厚を減少させながら側壁部を形成する。ここで材料は，ダイス肩部に押し付けられながら移動するため摩擦抵抗が発生する。

（３）**側壁部**　側壁部は，フランジ部およびダイス部での絞り抵抗と摩擦抵抗，ダイス肩部の曲げ抵抗の総和で構成されるポンチ力を，フランジ部に伝える役目を持つ。そのため側壁部は，この力によって絞り方向に引張変形を受ける。側壁部の変形は，ポンチとダイスとの隙間（クリアランス）が大きい場合には，ポンチの進行とともに円周方向に縮む。しかし，クリアランスが小さい場合には，円周方向の変形がポンチにより阻止されるため，絞り方向と板厚方向のみの平面ひずみ状態となる。

（４）**ポンチ肩部**　材料は側壁部に作用する絞り方向の引張力により，ポンチ肩部に押し付けられながら底部から側壁部へ移動する。そのため引張変形の外に，曲げ変形を受けて板厚が大きく減少する。

（５）**ポンチ底部**　材料は半径方向に働く引張力により２軸引張変形状態となり，板厚が薄くなりながら，ポンチ肩方向に移動する。この結果，この部分は張出し変形を受け，この部分の板厚は減少する。特にポンチ肩部と，側壁部との境界付近の材料は，素板がポンチに押し付けられないため，摩擦によって材料移動を抑制することができず，曲げ変形と絞り方向の引張変形を直接受ける。そのためこのポンチ肩部と側壁部の境界付近が**図 9.7**のように最も大きな板厚減少を示す。このため，最も板厚が薄くなるポンチ肩部付近のこの変形に耐える能力が，成形の可否を決める大きな要因になっている。

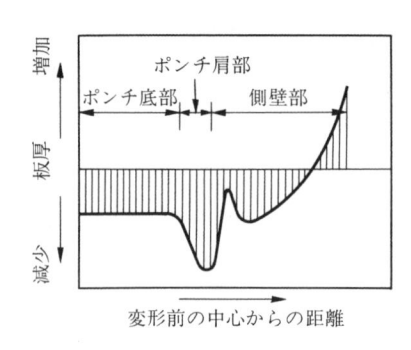

図 **9.7**　円筒絞り時の各部の板厚変化

〔2〕 角筒絞り

絞り形状が正方形，または長方形の容器の絞りを角筒絞りという。**図 9.8** は角筒絞り時のポンチとダイス形状を示すが，これらは直辺部（肩半径 Sr_p, Sr_d 部も含む）ならびに各直辺部を結ぶ曲辺部すなわちコーナー部（半径 r_1, r_2, 肩半径 Cr_p, Cr_d 部も含む）からできている。したがって，角筒絞り時の変形は，基本的にはコーナー部と直辺部に分けて考える。すなわち，コーナー部は1/4円であるため，円筒絞りと同様の変形が行われる。一方，直辺部においては，ダイス肩部およびポンチ肩部における単なる曲げ変形となる。

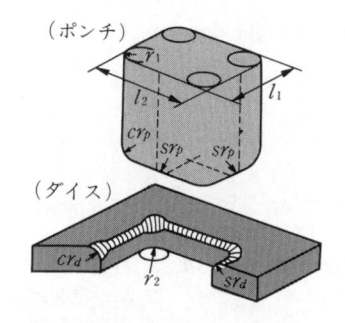

図 9.8 角筒絞り用のポンチとダイス

しかし，実際の角筒容器の絞りは，このような単純な変形ではなく，コーナー部と直辺部との境界付近で複雑な変形となる。この間の変形ひずみ状況を変形が最も大きいと考えられる曲辺部中央と，最も小さいと考えられる直辺部中央で定性的に示すと**図 9.9** のようになる。

（1） 曲辺部中央：ほとんど変形せず，底部と側壁の接する部分（ポンチ肩に相当する部分）の板厚ひずみ ε_t が負に最も大きくなる。すなわち，板厚が最も薄くなり，この部分に変形が集中する。したがってこの部分で破断が起こることが予想される。

（2） 直辺部中央：周方向・絞り方向ひずみのいずれも非常に小さく，単なる曲げに近い加工しか受けていない。

したがって，破断は曲辺部のポンチ肩部が当たる部分で起こりやすいといえる。一方，フランジ部の変形は**図 9.10** のようにコーナーフランジ部で最も大き

(a) 曲辺部中央のひずみ分布

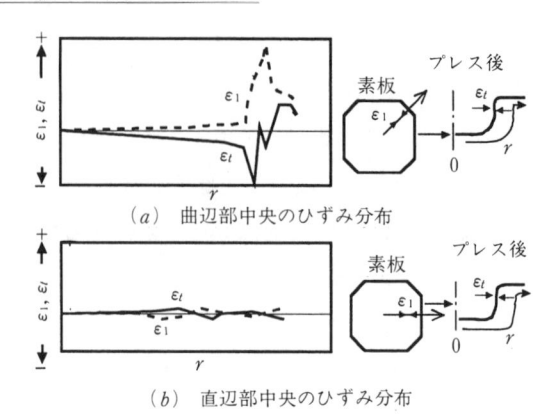

(b) 直辺部中央のひずみ分布

図 **9.9** 角筒絞り時の定性的ひずみ分布

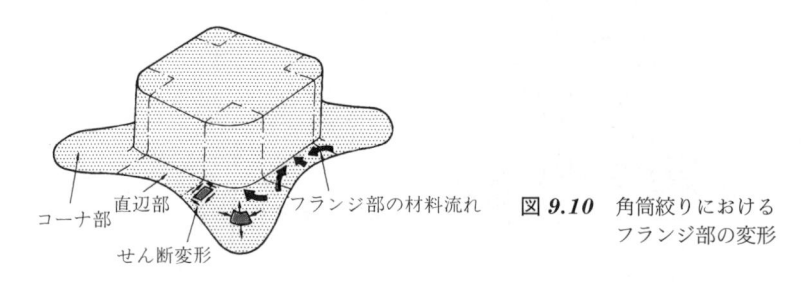

図 **9.10** 角筒絞りにおけるフランジ部の変形

く，この部分の材料は周辺方向に縮み変形を受けて側壁部を形成する．それに対し直辺部の材料は，ほぼ平行移動することによって側壁部を形成するために，直辺部の材料のほうがコーナー部の材料に比べて早くダイス穴へ流れ込もうとする．したがって，コーナー部と直辺部の境界付近では，直辺部側の材料がコーナー部側の材料をダイス穴方向に引きずり込むような変形を起こし，それに抵抗する力との間で，その部分にせん断応力を発生させるような変形となっている．

9.2.2 深絞り加工限界と加工条件

深絞り加工の際に問題となる特性値と，加工条件との関係を以下に示す．なお，加工条件に影響を及ぼす要因は，主として素材寸法，成形荷重，工具寸法などであるが，それらの部位を示すと図 **9.11** のようになる．以下に各特性値

9.2 深絞り加工

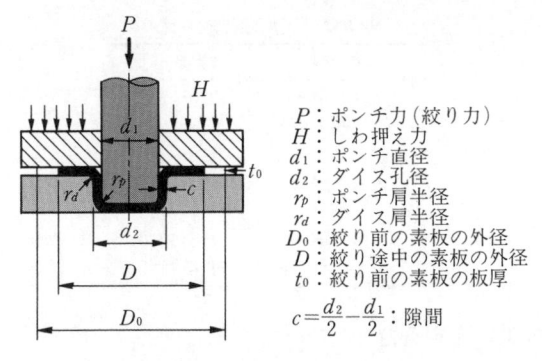

P：ポンチ力（絞り力）
H：しわ押え力
d_1：ポンチ直径
d_2：ダイス孔径
r_p：ポンチ肩半径
r_d：ダイス肩半径
D_0：絞り前の素板の外径
D：絞り途中の素板の外径
t_0：絞り前の素板の板厚

$c = \dfrac{d_2}{2} - \dfrac{d_1}{2}$：隙間

図 **9.11**　円筒絞りの各部寸法

を加工条件との関係で説明する。

〔**1**〕 深絞り加工限界

　深絞り加工に当たり，素板の外径 D_0 が小さいときは絞り込まれるが，外径がだんだん大きくなると $(D_0 - d_2)$ が増大するため，素板がそれだけ大きく変形しなければならなくなる。そのためついには破断したり，しわなどの形状不良で成形できなくなる。この深絞り加工の成形の厳しさを表すのに，素材直径 D_0 とポンチ直径 d_1 の比を用いて D_0/d_1 を絞り比，d_1/D_0 を絞り率と呼ぶ。絞れる限界の絞り比および絞り率をおのおの**限界絞り比**（limiting drawing ratio, LDR）および**限界絞り率**（limiting drawing rate）と呼び，式 (9.1)，(9.2)で定義する。この特性値は，材料の深絞り性の評価に当たってよく使用される。

$$絞り比 = \dfrac{素板外径}{ポンチ直径} \qquad 限界絞り比 = \dfrac{絞り限界の素板外径}{ポンチ直径} \qquad (9.1)$$

$$絞り率 = \dfrac{ポンチ直径}{素板外径} \qquad 限界絞り率 = \dfrac{ポンチ直径}{絞り限界の素板外径} \qquad (9.2)$$

　表 **9.1** は実用金属の代表的限界絞り比を示すが，これより絞り比は材料によって変わることがわかる。しかし，この値は，しわ押え力，工具の形状，潤滑条件，絞り速度などにより大きく異なってくる。なお，絞り比と絞り率の定義はよく似ているので，混同しないように注意しなければならないが，現在は一般に絞り比を用いることが多い。

188   9. 板の成形加工

表 9.1　実用限界絞り比

材　料	限界絞り比
深絞り鋼板	2.0～2.2
軟　鋼　板	1.8～2.0
ステンレス鋼板	1.8～2.0
メッキ鋼板	1.5～1.7
銅	1.7～1.9
黄　銅	1.8～2.0
アルミニウム板	1.6～1.9

〔**2**〕 絞り加工に要する力

　絞り加工に必要な力は，図 9.1 に示しているように，ポンチ力（絞り力），しわ押え力，ノックアウト力である。このうち，ノックアウト力は製品を取り出す力であり小さいので，ここではポンチ力としわ押え力について述べる。

（**1**）　**ポンチ力(絞り力)**　　ポンチ力は素板を変形させるのに必要な力であり，フランジ部を絞り込むために必要な力，フランジおよびダイス肩部の素板が工具間を移動するときの摩擦抵抗，およびダイス肩部での素板の曲げ，曲げ戻し抵抗等の総和で表される。ポンチ力を小さくするためには，これら摩擦や曲げ，曲げ戻しなどの付加的な抵抗をできるだけ小さくすることが必要である。このポンチ力を巨視的にとらえると，円筒容器の深絞り加工において，**図 9.12** のようにポンチストロークとともに変化し，最大値を示す。この最大値は，円周方向の縮み変形による材料の加工硬化の増大と，変形を受けるフランジ部面積の減少による絞り抵抗の減少が相まって起こる現象である。この場合の最大ポンチ力 P_{max} は，円筒の引張変形から式 (9.3) により，概略見当がつけられる。

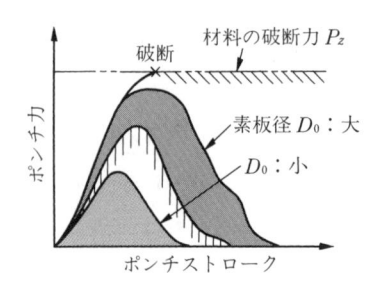

図 9.12　ポンチストローク-ポンチ力線図

$$P_{\max} \leqq \pi\, d_1\, t_0\, \sigma_B \tag{9.3}$$

ここで，d_1：ポンチ直径，t_0：素板板厚，σ_B：素板の引張強さである。

ところで，このポンチ力は素板のポンチ頭部に接する部分を通じて，ポンチから素板に与えられる。しかし，このポンチ頭部に接する部分の板厚は図 9.7 のように最も薄くなるので，この部分が受け持つことができる力には限界がある。したがって，ポンチ力 P がこの部分の材料の破断力 P_z を上回ると図 9.13 のようにポンチ肩部で破断が生じて加工できなくなる。すなわち深絞りが可能な条件は，絞り過程を通じて $P < P_z$ となることである。なお，この破断力 P_z は式 (9.4) のように推定される。

$$P_z = \pi\, d_1\, t_0\, \sigma_z \tag{9.4}$$

ここで　d_1：ポンチ直径，t_0：素板板厚，σ_z：素板の破断強度である。

図 **9.13**　深絞り時の破断現象

σ_z の値は，材料およびポンチ肩半径と t_0 によって異なるが，一軸引張りにおける引張強さ σ_B の 1.1〜1.3 倍程度のことが多い。

（**2**）**しわ押え**　円筒に絞ったものを展開すると，図 **9.14** に示すように円形素板の黒塗りで示した部分の材料は余ることになる。そのためこの部分は，円周方向の圧縮力による縮み変形を受け，図 **9.15** のようなフランジしわを発生する原因となる。このしわは，板が座屈することによって起こる現象であり，板厚が薄いほど，また変形量が大きいほど起こりやすいため，しわ押え板を用いて素板にしわ押え力を作用させて抑制する。しかし，しわ押え力が必要以上に大きすぎると，しわ押え板とダイス面上に発生する摩擦力が大きくなり，素材が絞り込まれるのを妨げて破断の原因となる。したがって，しわ押え力はしわが発生しない最低限に留めるように心掛けねばならない。

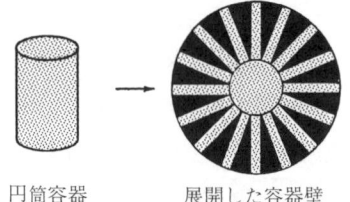

図 **9.14** 円筒容器の展開　　　図 **9.15** フランジしわ例

円筒絞りにおける必要最低限のしわ押え力は，現在までの研究によりつぎの実験式で求められる値が推奨されている。

$$H_n = \frac{\sigma_B + \sigma_S}{180} D_0 \left(\frac{D_0 - d_2 - 2r_d}{t_0} - 8 \right) \tag{9.5}$$

ここで，H_n：最低限しわ押え力，σ_B：素板の引張強さ，σ_S：降伏応力，D_0：素板の外径，t_0：素板の板厚，d_2：ダイス孔直径，r_d：ダイス肩半径である。

なお，他形状の絞りでのしわ押え力は，絞り前にしわ押え力がかかる素板の単位面積当りの圧力を使用して算出されている。この場合，計算に用いられる最低限しわ押え圧力は，ほぼ表 **9.2** の値が用いられている。

表 **9.2** 単位しわ押え面積当りのしわ押え圧力

材　料	軟　鋼	ステンレス鋼	アルミニウム	銅	黄　銅
圧力〔MPa〕	1.57〜1.77	1.77〜1.96	0.29〜0.69	0.78〜1.18	1.08〜1.57

〔**3**〕**工具寸法**

絞り加工においてはポンチ肩半径，ダイス肩半径，ポンチとダイスの隙間などの工具形状が絞り性に大きな影響を与えるので，これらの形状，寸法を適切に選定する必要がある。

（**1**）　**ポンチ肩半径**　　ポンチ先端には，材料の曲げをやわらげるために丸みが付けられており，これをポンチ肩半径という。ポンチ肩半径は小さすぎても，大きすぎても絞り変形が局部に集中するため，破断しやすくなる。そのため，ポンチ肩半径は式 (9.6) の範囲が推奨されている。

$$(4\sim 6)t_0 \leq r_p \leq \frac{d_1}{3} \text{ または } (10\sim 20)t_0 \tag{9.6}$$

ここで，r_p：ポンチ肩半径，d_1：ポンチ直径，t_0：素板の板厚である．

（2） ダイス肩半径　　材料の曲げをやわらげ，加工が容易に行われるようにするため，ダイス穴部にもダイス肩半径という丸みが付けられる．このダイス肩半径が小さすぎるとポンチ力を大きくするし，大きすぎると絞り側壁にしわが出やすくなる．そこで，ダイス肩半径も式 (9.7) の範囲が推奨されている．

$$(4\sim 6)t_0 \leq r_d \leq (10\sim 20)t_0 \tag{9.7}$$

ここで，r_d：ダイス肩半径，t_0：素板の板厚である．

（3） 隙間（クリアランス）　　絞り成形品の側壁は，図 9.7 からわかるように最外周部に向かって板厚が増加し，最初の板厚より厚くなる．そのため，クリアランスがこの増加した板厚より小さい場合にはしごきが加わる．しごきがかかると素板は絞り込まれずに破断しやすくなる．一方，クリアランスが大きすぎると素板がポンチに密着せず，できた製品の形状が悪くなる．したがって，クリアランスは目的に応じて，つぎのように使い分けるのが適当である．

① わずかなしごきを行い，小さいしわをつぶして，滑らかな円筒形とし，かつ製品厚さを規定する目的の場合

$$C \fallingdotseq (1.1\sim 1.2)t_0 \tag{9.8}$$

② まったく，しごかない場合

$$C \fallingdotseq (1.4\sim 2.0)t_0 \tag{9.9}$$

③ 比較的均一な厚さの側壁が必要な場合

$$C \fallingdotseq (0.9\sim 1.1)t_0 \tag{9.10}$$

ここで，C：隙間，t_0：素板の板厚である．

〔4〕 素材の形状
材料の体積は絞り変形前後で変わらないので，絞り変形における素材の板厚の変化はきわめて小さいとして無視すると，素板の表面積は製品の表面に等しいと考えられる．したがって，直径 d，深さ h，底の角の丸み半径 ρ の円筒容器を深絞り加工で成形するときの素板の直径 D_0 は，式 (9.11) で推定される．

$$D_0 = \sqrt{d^2 + 4dh - 1.72\rho d} \tag{9.11}$$

円筒形以外の容器の場合にも，基本的に素板の大きさは製品の表面積から推定すればよいが，その形状の決定に当たっては，材料の流れを十分考慮する必要がある．例えば，角筒絞りの場合は多くのとき，図9.9(a)のように製品の曲辺部に対応する部分を切り落として，8角形の素板にしたり，その部分を丸く切った角丸形とする板取りを行う．しかしこの場合，コーナーカット代が大きくなりすぎ，コーナーフランジ部の材料が少なくなると，容器コーナー側壁部が壁割れという破断を起こすので注意を要する．

〔5〕 材料の異方性

2.4.3項で示したように圧延を経て製造された板は，その機械的性質に方向性を持っている．そのため，円板から円筒容器を深絞りする場合，方向によって半径方向の変形が変わり，絞り製品の縁に図 **9.16** のような耳と谷が現れる．この耳，谷は素板の圧延方向および直角方向，あるいは45°方向に出る場合が多い．この現象に最も大きな影響を与えているのは，素板の r 値（塑性ひずみ比，あるいはランクフォード値）といわれる材料特性である．

図 **9.16** 深絞り成形品の耳と谷の例

r 値は，板に単軸引張ひずみを与えたときの幅方向真ひずみ ε_b と板厚方向真ひずみ ε_t との比で表され，板厚方向に比べて板幅方向がどの程度変形しやすいかの異方性を示す値として，式 (9.12) で定義される．

$$r = \frac{\varepsilon_b}{\varepsilon_t} = \frac{\ln\dfrac{b_0}{b}}{\ln\dfrac{t_0}{t}} \tag{9.12}$$

9.2 深絞り加工

ここで，b_0, t_0：変形前の板幅，板厚，b, t：変形後の板幅，板厚である。したがって，等方性の材料では幅方向の縮みと，板厚の減少が同じに起こるので，$r = 1$ である。一般の材料は $r \neq 1$ なので，いま，$r > 1$ の場合を例にすると，この場合は幅方向の変形が板厚方向の変形に比べて容易であることを示している。深絞り加工において，板面内で変形しやすく，板厚が薄くなりにくいことは，絞られやすくポンチ肩部で起こる破断が起こりにくいことを示すので，r 値の大きい材料ほど深絞り性がよいことを示している。

ところで，一般に r 値は引張試験の採取方向によって異なるため，普通は圧延方向に対して 0°，45°，90°の方向についてそれぞれの r 値を求め，それらを r_0，r_{45}，r_{90} と表す。そして式 (9.13) で示す重み付き平均値をとり，この値を**塑性ひずみ比**（ランクフォード値）あるいは，単に $\bar{r}$ 値といっている。

$$\bar{r} = \frac{r_0 + 2\,r_{45} + r_{90}}{4} \tag{9.13}$$

したがって，この $\bar{r}$ 値が大きい材料ほどポンチ肩部での板厚が減少しにくく，またフランジ部での縮み変形が生じやすいことになる。この傾向は実際の絞り成形でも図 **9.17** のように確認されており，$\bar{r}$ 値と限界絞り比とはよい相関を示し，$\bar{r}$ 値が大きい材料ほど，限界絞り比が大きくなる。なお，この r 値の圧延方向による違い，すなわち**面内異方性**は，式 (9.14) で定義する $\varDelta r$ で表され，上述の円筒容器の深絞り製品の耳，谷の発生に影響を与える。

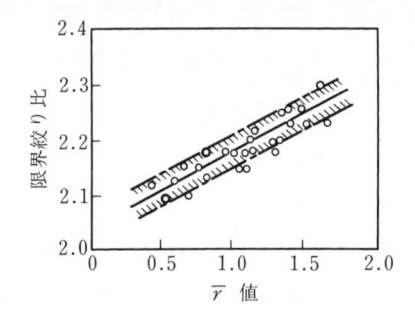

図 **9.17** $\bar{r}$ 値と限界絞り比の関係

$$\varDelta r = \frac{r_0 + r_{90}}{2} - r_{45} \tag{9.14}$$

そして，$\varDelta r$ 値が大きくなると，図 9.16 に示したように r 値の大きい方向に耳，小さい方向に谷が発生し，形状に問題が生じる。したがって，深絞り用の板としては $\bar{r}$ 値は大きく，しかも方向による差の少ない材料，すなわち，$\varDelta r$ の小さい材料が望ましい。

〔6〕 潤　　滑

深絞りにおける材料の変形は 9.2.1 項に示したように，材料と工具金型の間の摩擦により大きく影響される。そのため，深絞り加工時に用いる潤滑の使用方法は，深絞り限界およびしわの発生条件に重大な影響を与える。しかし，潤滑剤の使用条件は絞り条件，形状などにより大きく異なるので，ここでは深絞り加工で潤滑剤を用いるに当たっての指針を示すに留める。

〈深絞り限界を向上させるには〉

1) フランジおよびダイス肩部の潤滑をよくする：潤滑をよくするほど，摩擦抵抗が減少するので深絞り限界は向上する。
2) ポンチ肩部の潤滑を悪くする：潤滑を悪くし，摩擦を増やすと，材料の移動が抑制され，この部分の板厚減少を押さえることができるので，深絞り性は向上する。

〈しわの発生に関しては〉

潤滑をよくすると，半径方向張力が減少するので，しわが発生しやすくなる。したがって，しわの発生を防ぐには，フランジ部の潤滑を悪くすることが必要である。

9.2.3　再絞り加工

いままで述べてきたことから，素板を１回で絞る絞り比には限界があることがわかる。そのため，直径が小さくて深い容器をつくるには，絞り加工を数工程に分けて繰り返す方法がとられている。この第２回目以降の絞り加工を**再絞り加工**という。すなわち，まず初絞りの段階では，限界絞り比より少し小さい

9.2 深絞り加工

絞り比で成形を行い，つぎに得られた容器を図 **9.18** に示すような方法で再絞りし，ポンチの直径 d_1 で成形された初絞り容器をポンチの直径 d_2 のサイズまで縮める再絞りをする。これによって，製品の深さは初絞り容器の深さよりも大きくなる。

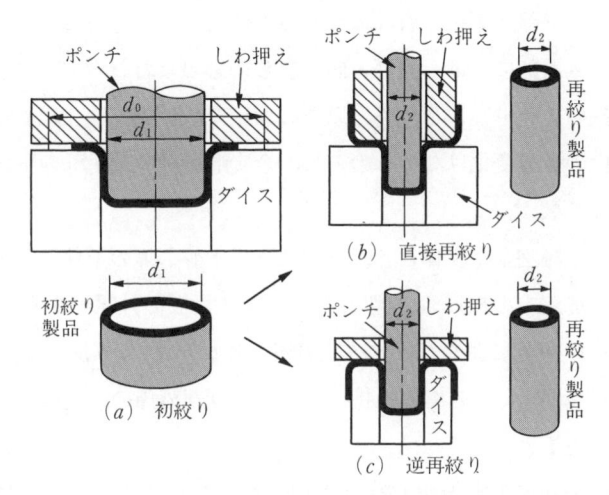

図 **9.18**　再絞り加工法

再絞りの場合の加工度は，再絞り比 β_2 として式 (9.15) で定義される。

$$\beta_2 = \frac{d_1}{d_2} \tag{9.15}$$

ここで，d_1：前回絞り時のポンチ直径，d_2：今回絞り時のポンチ直径である。

この場合の再絞り比は，板の材質や初絞りにおける加工度によって異なるが，実際には 1.2～1.4 程度とすることが多い。最終製品として非常に深いものが要求される場合には，中間焼なましを挟みながらこのような再絞りを繰り返していく。

9.2.4　深絞り力の理論的解析

深絞りの解析は，厳密にはきわめて複雑で容易でない。ここでは，大矢

196   9. 板の成形加工

根[2]，山口[8]の考え方に基づき，スラブ法を用いて円形素板から円筒容器を成形するときの，深絞り力の近似解析法を説明する。この場合，深絞りに要する力すなわちポンチ力は，以下の三つの力の総和である。

(1) フランジ部の材料をダイス穴に絞り込むために必要な力
(2) フランジ部とダイス肩部における摩擦力
(3) ダイス肩部における曲げ・曲げ戻しに必要な力

そこで，取扱いを簡単にするため，以下の仮定を設ける。

(1) 素板の板厚変化はないものとし，全変形過程を軸対称の平面ひずみ問題として扱う。
(2) 材料は剛完全塑性体とし，降伏条件はトレスカの条件を採用する。
(3) 絞り加工中の板厚は，図 9.7 のように素板の外縁が最も厚くなるので，しわ押えによる力はすべて素板の外周 r_0 にのみ加わるとする。かつ，しわ押えによる摩擦抵抗は，フランジ部外周の端面に一様に分布すると考える。

図 **9.19** は深絞り加工中の状態を示すが，ポンチとダイスのクリアランスを c，側壁が水平面と傾く角度を ϕ，しわ押え力を Q，ポンチ力を P とする。

(降伏条件)

深絞り加工では，半径方向応力 σ_r は引張り，円周方向応力 σ_θ は圧縮であ

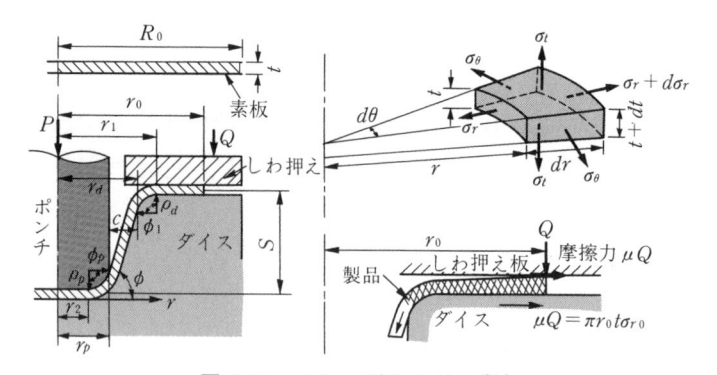

図 **9.19** フランジ部における応力

る。板厚方向は 0 または圧縮であるが，その値は σ_{θ} に比べると無視できるほど小さい。したがって，トレスカの降伏条件式は，式 (9.16) として示される。

$$\sigma_r - \sigma_\theta = Y \tag{9.16}$$

〔1〕 フランジ部における応力

素材のフランジ部（$r_1 \leqq r \leqq r_0$）での応力分布は図 9.19 のように，外半径 R_0 の素板が絞り込まれて，フランジ部の外半径が r_0 になったときの任意の半径にある微小要素について，力の釣合いを見ると式 (9.17) のようになる。

$$(\sigma_r + d\sigma_r)(r + dr)d\theta\, t - \sigma_r\, r\, d\theta\, t - 2\,\sigma_\theta\, dr\, t \sin\frac{d\theta}{2} = 0 \tag{9.17}$$

これを，高次の微小項を省略して整理すると，半径方向に対して式 (9.18) の釣合い条件式が成り立つ。

$$\frac{d\sigma_r}{dr} + \frac{\sigma_r - \sigma_\theta}{r} = 0 \tag{9.18}$$

そこで，式 (9.18) に式 (9.16) を代入し積分すると，式 (9.19) が得られる。

$$\sigma_r = C_1 - Y \ln r \tag{9.19}$$

積分定数 C_1 は仮定（3）に基づく，しわ押え力から求められる。すなわち，外周部 $r = r_0$ における半径方向の応力を σ_{r0} とすると，しわ押えによる摩擦力は $2\mu Q$ となるので，σ_{r0} は式 (9.20) となる。

$$\sigma_{r0} = \frac{2\,\mu\,Q}{2\pi\,r_0\,t} = \frac{\mu\,Q}{\pi\,r_0\,t} \tag{9.20}$$

したがって，式 (9.20) を式 (9.19) に代入するとフランジ部における半径方向の応力 σ_r は式 (9.21) となる。

$$\sigma_r = Y \ln \frac{r_0}{r} + \sigma_{r0} \tag{9.21}$$

この結果，ダイス肩の丸みの始まる位置 $r = r_1$ での応力は式 (9.22) で与えられ，これを式 (9.16) に代入すると，円周方向応力 σ_θ も式 (9.23) として与えられる。

$$(\sigma_r)_{r=r_1} = Y \ln \frac{r_0}{r_1} + \sigma_{r0} \tag{9.22}$$

$$\sigma_\theta = Y\left(\ln\frac{r_0}{r} - 1\right) + \sigma_{r0} \tag{9.23}$$

〔2〕 ダイス肩部における応力

ダイス肩丸み部に引き込まれる部分（$r_d \leqq r \leqq r_1$）の応力を求める。この部分はフランジ部と同じように円周方向に縮みながら半径方向に伸びるが，同時にダイス肩丸み部で曲げられながら滑る。したがって，この部分の応力は三つの応力の合計と考えられる。

（1） 摩擦のない状態での絞り変形に要する応力

（2） 摩擦係数 μ でダイス肩の丸みを滑る場合の応力の増加分

（3） 曲げ変形に要する応力の増加分

図 **9.20**（a）に示すダイス肩部の微小要素に関して，子午線方向の力の釣合いを考えると式（9.24）になるので，さらにこの式における高次の微小項を省略して整理すると，式（9.25）が得られる。

$$[(\sigma_r + d\sigma_r)(r + dr)\, t\, d\theta + \sigma_r\, r\, t\, d\theta]\cos\left(\frac{-d\varphi}{2}\right)$$
$$+ \mu\, q\, r\, d\theta\, \rho_d(-d\varphi) - 2\sigma_\theta\, \rho_d(-d\varphi)\, t \sin\left(\frac{d\theta}{2}\right)\cos\varphi = 0 \tag{9.24}$$

$$\frac{d(\sigma_r\, r)}{d\varphi} - \frac{\mu\, q\, r\, \rho_d}{t} + \sigma_\theta\, \rho_d \cos\varphi = 0 \tag{9.25}$$

一方，板厚方向の力の釣合いは式（9.26）となり，高次の微小項を省略して整理すると式（9.27）となる。

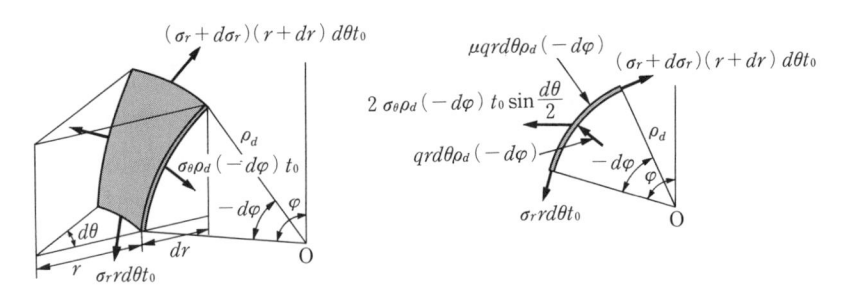

（a） 斜方向から見たダイス肩部にかかる応力　　（b） 板厚方向にかかる応力

図 **9.20** ダイス肩部における成形中の応力分布

9.2 深絞り加工

$$[(\sigma_r + d\sigma_r)(r + dr)\,t\,d\theta + \sigma_r\,r\,t\,d\theta]\sin\left(\frac{-d\varphi}{2}\right)$$

$$-q\,r\,d\theta\,\rho_d(-d\varphi) - 2\,\sigma_\theta\,\rho_d(-d\varphi)\,t\sin\left(\frac{d\varphi}{2}\right)\sin\varphi = 0 \qquad (9.26)$$

$$q = t\left(\frac{\sigma_r}{\rho_d} - \frac{\sigma_\theta \sin\varphi}{r}\right) \qquad (9.27)$$

式 (9.27) を式 (9.25) に代入して，q を消去すると式 (9.28) が得られる．

$$\frac{d(\sigma_r\,r)}{d\varphi} - \mu\,\sigma_r\,r + (\cos\varphi + \mu\sin\varphi)\,\rho_d\,\sigma_\theta = 0 \qquad (9.28)$$

ところで図 9.20 より式 (9.29) が得られるので，これと降伏条件式 (9.16) を式 (9.28) に代入して，r と σ_θ を消去すると，ダイス肩部における子午線方向の応力分布を与える微分方程式 (9.30) が得られる．

$$r = r_1 - \rho_d \sin\varphi \qquad (9.29)$$

$$\frac{d\sigma_r}{d\varphi} - \frac{\mu(r_1 - 2\rho_d\sin\varphi)}{r_1 - \rho_d\sin\varphi}\sigma_r - \frac{\rho_d(\cos\varphi + \mu\sin\varphi)}{r_1 - \rho_d\sin\varphi}Y = 0 \qquad (9.30)$$

式 (9.30) は線型微分方程式であるので，解は求められるが式が複雑になるので，以下の近似的方法を採用する．近似法としては，まず摩擦がない場合の子午線方向応力 σ_r を求め，つぎに図 **9.21** のようなベルト張力と類似の考え方で摩擦の影響を補正するという方法を採用する．

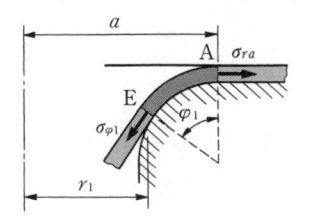

図 **9.21** 摩擦の補正
（ベルト張力）

$(\sigma_{\varphi 1} = e^{\mu\varphi_1}\sigma_{ra})$

いま，式 (9.30) において摩擦係数 $\mu = 0$ と置くと，フランジ部の釣合い方程式 (9.18) と同じ形になる．

$$\frac{d\sigma_r}{dr} + \frac{\sigma_r - \sigma_\theta}{r} = 0$$

これに降伏条件式 (9.16) を代入して積分し，フランジ部との境界 $r = r_1$ において $\sigma_r = \sigma_{r1}$ を用いて積分定数を定めると，ダイス肩部における子午線方向応力 σ_r は式 (9.31) となる．

$$\sigma_r = Y \ln \frac{r_0}{r} + \sigma_{r0} \tag{9.31}$$

一方，ダイス肩部に摩擦が存在する場合には，子午線方向応力 $\sigma_r{}^*$ は式 (9.31) から算出される値の $\exp(\mu\varphi)$ 倍になるので，式 (9.32) が得られる．

$$\sigma_r{}^* = e^{\mu\varphi} \sigma_r = e^{\mu\varphi} \left(Y \ln \frac{r_0}{r} + \sigma_{r0} \right) \tag{9.32}$$

〔3〕 ダイス肩部での曲げ・曲げ戻しによる応力の増加

板がフランジ部を通過してダイス肩部に流入するときには，純粋な絞り変形のほかに曲げ変形も受ける．また，ダイス肩部を出るときには，いったん曲げられた板が逆に曲げ戻しを受けることになる．このようなダイス肩部での曲げと曲げ戻しに必要な応力は，近似的につぎのようにして求められる．いま，**図 9.22** に示すように，紙面に垂直な方向に単位幅を持つ板が円柱周りに 2 次元的な曲げを受ける場合に置き換えて考える．長さ dl の部分をダイス肩部に引き込んで，角 $d\theta$ に曲げるときの曲げ仕事 $M\,d\theta$ が，均等に分布する応力 σ_B によって $\rho_d d\theta$ だけ引き込まれる間に成されたと仮定すれば，式 (9.33) のような関係が得られる．

$$t\,\sigma_B \left(\rho_d + \frac{t}{2} \right) d\theta = M\,d\theta \tag{9.33}$$

ここで，M は単位幅当りの曲げモーメントである．いま，$\rho_N = \rho_d + t/2$ と置くと，材料は剛完全塑性体と仮定しているので式 (9.34) が得られる．

$$\sigma_B = \frac{t}{4} \frac{Y}{\rho_N} \tag{9.34}$$

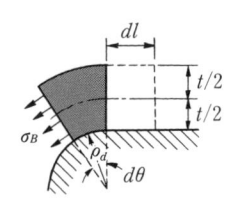

図 9.22 ダイス肩部での曲げ

この σ_B がダイス肩部の入口で付加される曲げ応力である。ベルト張力の式によれば、ダイス入口での応力が σ_B であれば、出口での応力は $\sigma_B \exp(\mu\phi)$ となり、摩擦の存在によってダイス出口では応力が増加する。板がダイス肩部を出るときには曲げ戻しを受けるが、この曲げ戻しによる付加応力も式 (9.34) で与えられる σ_B に等しいとすれば、ダイス肩部における曲げおよび曲げ戻しのために必要な子午線方向応力は式 (9.35) として与えられる。

$$(1 + e^{\mu\varphi_1})\sigma_B \tag{9.35}$$

〔**4**〕 **ポンチ力**

板がダイスを離れる位置（なじみ角 φ_1）の子午線方向応力 σ_{φ_1} は、最終的に式 (9.32) と式 (9.35) の和として式 (9.36) で与えられる。
したがって、深絞りポンチ力 P は式 (9.37) で表される。

$$\sigma_{\varphi_1} = \left\{ e^{\mu\varphi_1} \left(Y \ln \frac{r_0}{r_{\varphi_1}} + \frac{\mu\, Q}{\pi\, r_0\, t} \right) + (1 + e^{\mu\varphi_1})\, \sigma_B \right\} \tag{9.36}$$

$$P = 2\pi\, r_{\varphi_1}\, t\, (\sin\varphi_1)\, \sigma_{\varphi_1} \tag{9.37}$$

式 (9.36)，(9.37) から、ポンチ力はしわ押え力 Q、摩擦係数 μ、素板の外径 r_0 および板厚 t が大きいほど、またダイス肩半径 ρ_d が小さいほど大きくなることがわかる。この式には、時々刻々の素板外半径 r_0 が含まれているので、絞りの進行に伴うポンチ力の変化を計算することができる。

9.3 張出（バルジ）加工

張出し加工は図 9.4(b) のように、素板の外周をビードで固定した状態でポンチを押し込んでいくと、周囲からの材料の流入は起こらずポンチ底部の材料が薄くなって、半径方向と円周方向の 2 方向に伸ばされるが、このような状態で成形深さが増す成形法を張出し加工という。別の表現をすると張出し加工は板厚減少を伴いながら表面積が増加する成形法といえるので、全域が引張応力状態になる。したがって張出加工の成形限界は、材料の伸び限界によって左右され、材料の加工硬化特性を表す n 値が大きい材料ほどひずみ集中（くびれ）

が起こりにくく，限界張出し高さが大きくなるといえる。

　張出し加工は，ポンチ張出しと液圧バルジ加工に大別される。ポンチ張出しは図 9.4(b)のようにポンチで押し込む方法であるため，ポンチと素板との摩擦により局部にひずみが集中して破断に至ることが多い。このため，あまり深い成形はできない。これを防ぐためには，素材とポンチ間の潤滑をできるだけよくしたり，ポンチ肩部半径を大きくしてひずみの局部集中を分散させて均一変形に近づけることが必要である。したがって，ポンチ張出し法は純粋な形で使われることは少なく，例えば自動車の車体などの成形ではビードによる拘束を加減して外周の絞り込み量を調整することにより，深絞りと張出しの中間的な状態で加工するいわゆる絞り-張出し複合成形とすることが多い。液圧バルジ加工は，図 9.23 のように液体を用いて内圧を作用させて膨らませる方法であるが，この方法だと素板が均一に変形されるので理想的な変形となる。液圧バルジ加工の応用として図 9.24 のような方法で管や円筒容器の一部を球形に膨張させる方法がある。

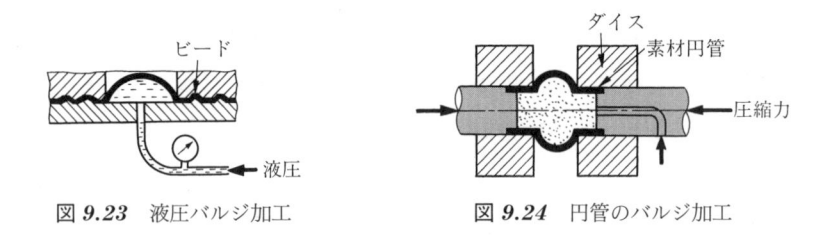

図 9.23　液圧バルジ加工　　　　図 9.24　円管のバルジ加工

9.4　しごき加工

　絞り容器の肉厚は図 9.7 のように側壁部の上縁ほど厚くなっているが，この側壁をポンチとダイスでしごいて減少させ，長さを伸ばすとともに表面を滑らかにする加工を**しごき加工**という。しごき加工は図 9.25 のように，ポンチの寸法を前加工の製品の内径に合わせ，ダイス径を小さくしてしごきを加える。これによって容器の壁厚が均一になり寸法精度が向上すると同時に，製品

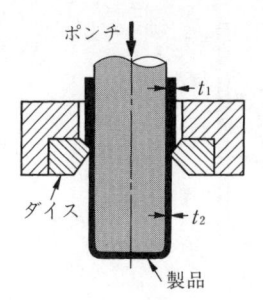

図 9.25 しごき加工

表面も美しくなる。また壁厚が薄くなるので，その分だけ容器の深さが増大する。しかし，容器の内径と底の厚さは変化しない。ジュース缶やビール缶のように，肉厚が薄く深い容器はこのような方法で成形され，DI 缶（deep drawing & ironing 缶）と呼ばれている。

しごき加工の程度は，側壁の厚さの減少する割合で示し，式 (9.38) で示す値 m で評価する。この値 m をしごき率という。

$$m = \left(\frac{t_1 - t_2}{t_1}\right) \times 100 \, [\%] \tag{9.38}$$

ここで，m：しごき率，t_1, t_2：しごき前後の肉厚である。

一般にしごき率は最大 25〜30％で，普通は 10〜15％程度にとる。絞りとしごきを同時に行うこともあるが，このときの絞り率は当然小さくなり，最大で 0.65〜0.80 程度である。

9.5　へら絞り（スピニング加工）

板や円筒状の素板を成形型に取り付け，回転運動を与えながらロールまたはへらで成形型に順次押し付け，図 **9.26** のように目的の形状に成形する加工法をへら絞りあるいはスピニング加工という。

スピニング加工には，素材の外径を減少させて回転絞り変形を与える絞りスピニング（へら絞り）と，素材の外径を一定に保ったまま板厚のみを減少させて成形するしごきスピニングとがある。また，しごきスピニングの中で円筒状

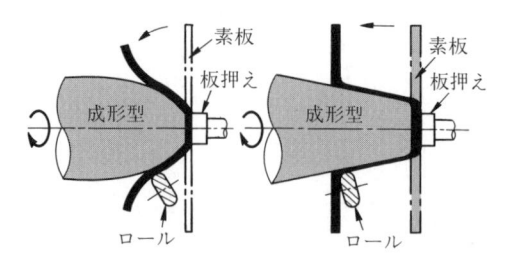

図 9.26 スピニング加工

(a) 絞りスピニング　(b) しごきスピニング

材料のスピニングを特に回転しごき加工と呼んで区別している。これらの方法によれば，テーパー容器はもちろん，やかんやスプレー缶のように口が絞られたものでも，回転対称形のものならば，かなり複雑な形状の製品まで加工することができる。

スピニング加工は，ただ1個のロールでいろいろな形状をつくり出すことができるので，深絞りや張出しのようなプレス成形に比べると型製作費が少なく，またかなり大きな製品の加工もできる。特に，多品種少量生産の場合には，基本的な絞りとしごきのほかに，以下のような加工も行うことができ，きわめて便利な加工法といえる。

〈スピニングで絞りとしごき以外にできる加工〉

(1) 口絞りおよびネッキング：管材や円筒形状の素材の端部や中間部を絞って直径を小さくする加工
(2) フランジング：内側からロールを当てて端部を曲げる方法
(3) バルジング：内側からロールを当てて内径を広げる方法
(4) トリミング：製品の端部を切り落とす加工
(5) カーリング：製品の端部を丸める加工

9.6　板の成形性試験

板の成形を行うに当たって，どのような性質の材料を用いたらよいか，あるいは逆にその成形に適した材料をつくるには，どのような性質の材料をつくれ

ばよいかを知ることは重要なことである。成形性試験というのは，このような情報を実際に用いるプレス型を用いないで，より簡単な方法で得るために行う材料の成形性評価試験法をいう。この試験には，材料の強度とか，伸びなどの基礎的性質を調べる基礎的材料試験と，深絞り，張出し，伸びフランジ，曲げといった成形性に類似した変形を与えてその特性を評価するシミュレーション試験とがある。

〔1〕 基礎的材料試験

これには，一般的な引張試験，硬さ試験，液圧バルジ試験，曲げ試験等がある。以下に各試験法における試験項目を簡単に示す。

(*1*) 引張試験

① 強度特性値：降伏応力 σ_y，引張強さ σ_B，降伏比 σ_y/σ_B

② 変形特性：全伸び，均一伸び，降伏点伸び，n 値，r 値

(*2*) 硬さ試験

① ビッカース硬さ：(加工荷重/ダイヤモンドピラミッドでできたくぼみの面積) で評価

② ロックウェル硬さ：ダイヤモンドコーンまたは鋼球を押し付けてできるくぼみの深さで評価

(*3*) 液圧バルジ試験　　図 9.23 のように材料の一方から液圧をかけて張り出させ，破断するときの張出し量を測定する試験。

(*4*) 曲げ試験　　材料を曲げ半径 r を変えて曲げ，割れが発生する限界の曲げ半径を出す試験。$r=0$ の試験を密着曲げ試験という。

〔2〕 シミュレーション試験法

この試験は深絞り性試験，張出し性試験，伸びフランジ性試験，複合成形性試験等に分けられる。

(*1*) 深絞り性試験　　規準で定められた工具寸法と深絞り条件で，図 9.4 (*a*) の円筒深絞りを行い，限界絞り比 (LDR) を求めて，材料の深絞り性を比較する試験法である。r 値が大きい材料ほど図 9.17 のように LDR は大きくなり，深絞り性がよい。代表的なものにスィフトカップ深絞り試験がある。

(2) 張出し性試験　張出し性試験として最もよく使われている試験法は，エリクセン試験である。この方法は図 **9.27** に示すように素板をしわ押え板で固定し，球頭ポンチで張出し加工を行い，板が破断するときのポンチの張出し深さ h を mm で表してエリクセン値とし評価する方法である。エリクセン試験は絞りを伴わないから，引張試験における一様伸び（n 値）が大きい材料ほど図 **9.28** のように大きくなる。また同一材料では，板厚が増加するにつれて大きくなる。なお，張出し部の表面状態を比較すれば，板材の表面肌荒れ状態や，亀裂の発生状況を観察することができる。これは板の選別に重要な試験となるが，割れの判定とかワセリンの塗布状況，ポンチ押し込み速度などの精度への影響にやや不安定さを伴う。また，板厚によってエリクセン値は異なるので，評価に当たっては板厚の影響を考慮する必要がある。

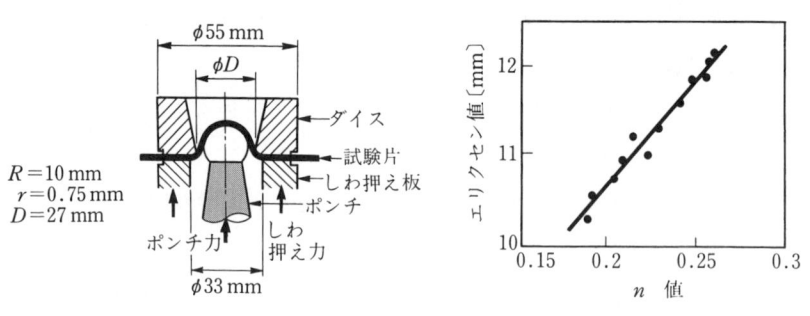

図 **9.27**　エリクセン試験　　図 **9.28**　n 値とエリクセン値の関係

(3) 伸びフランジ性試験　穴広げ試験が最も広く用いられている。この試験法は，図 **9.29** のようにあらかじめ中央部に穴をあけた素板を，ポンチで張り出して穴の縁にクラックが入る限界の穴径を求める方法である。クラックが入ったときの穴径を d_1 とすると，$[(d_1 - d_0)/d_0]$ を穴広げ率として評価する。穴広げ率が大きいほど，材料の伸びフランジ性がよい。穴広げ率は穴縁の仕上げ状態によってかなり異なるので注意しなければならない。

(4) 複合成形性試験　張出しと深絞りの複合成形性を調べる方法として，円すい形のダイスと球頭ポンチを用いて，図 **9.30** のような成形試験を行うコニカルカップ試験法がある。この試験法は絞り抜けやしわの発生を回避す

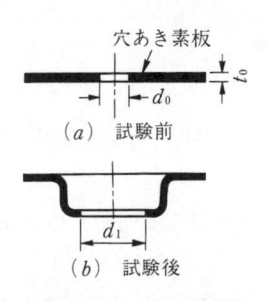

図 9.29 穴広げ試験

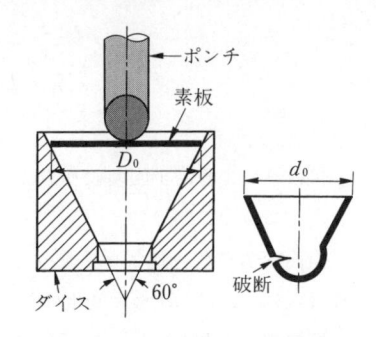

図 9.30 コニカルカップ試験

るために，素板の厚みに応じて直径 D_0 を変えて，この板をポンチ頭部の張出し変形部で破断が起こるまで絞る方法で，破断したカップの上縁部の外径 d_0 の最大値と最小値を測定し，両者を平均した値をコニカルカップ値（CCV）と呼んで評価する方法である．この場合，CCV が小さい材料ほど複合成形がよいとみなされ，厳しい加工ができる．

以上，代表的成形性試験を述べたが，これらの試験法はおのおの独立ではなく，中には相関関係が非常に強いものがある．例えば，限界絞り比 LDR とランクフォード値（$\bar{r}$ 値），エリクセン値と n 値，コニカルカップ値と $\bar{r}$ 値（図 9.31）等であるが，このような場合は，二つの試験を行わなくてもどちらか一つを行えば十分である．

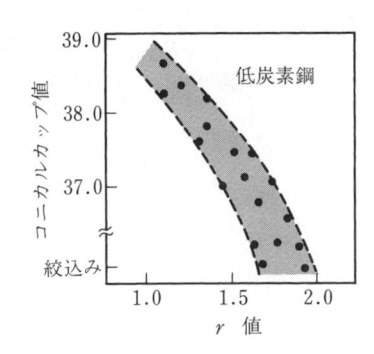

図 9.31 r 値とコニカルカップ値の関係

演 習 問 題

1) 再絞りにより，1回の絞りでは得られない深い容器が得られるが，その理由を考えてみなさい．
2) 円筒容器を絞り比 2.0 で絞った．このときの深さ h と内径 d の比 h/d を求めなさい．ただし，板厚変化はなく，容器底の丸み半径はゼロとする．
3) 板厚 T_0 の材料を使って，絞り比 β の深絞りを行った．このときの絞り容器の外縁の厚さ t_0 は，$T_0\sqrt{\beta}$ で与えられることを示しなさい．ただし，このときのしわ押え力はゼロとする．
4) 完全塑性体の板を使って，ダイス半径が板厚の5倍の深絞りを行う場合の限界絞り比を求めなさい．ただし，$\mu = 0$ でポンチの隙間は無視する．
5) 図 **9.32** のように，応力-ひずみの関係が $\sigma = F\varepsilon^n$ の板材を使って，液圧 p のバルジ試験を行った．破断寸前の不安定条件が $dp = 0$ で求められるとし，破断寸前の張出し高さを h としたときの破断時の板厚ひずみ $\varepsilon_t = \ln(t_0/t)$ を求めなさい．ただし，下式が与えられるとする．

$$\frac{1}{\rho}\frac{d\rho}{d\varepsilon_t} = \frac{3}{8} - \frac{1}{2\varepsilon_t}$$

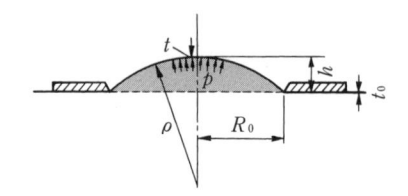

図 **9.32** バルジ試験

演習問題のヒント・解答

〔2章〕
1) (3) $\sigma = F\varepsilon^n$ を対数で表示すると，$\log \sigma = n \log \varepsilon + \log F$ となるので，両対数グラフを用いて，真応力を縦軸に，真ひずみを横軸にとり，両者の関係をプロットし，平均勾配を引く。勾配は11°。
$n = \tan 11° = 0.2$，例えば，$\sigma = 380.8$，$\varepsilon = 0.0637$ を代入すると $F = 640$
答　$\varepsilon = 640\,\varepsilon^{0.2}$

2) 式(2.4)，(2.8)，(2.9)を使って公称ひずみを真ひずみに変換し，加工硬化量を見積るためのひずみを出す。このとき，引張り後，圧縮するという具合にひずみの方向を変えたが，加工硬化量を見積るわけなので，ひずみの絶対値で計算する。　答　581 MPa

3) 繰返してひずみを加えても，真ひずみで表示するとひずみは加算できる。
答　1.115 の圧縮ひずみ

4) 公称応力 π が最大となる点では $d\pi/de = 0$ （あるいは $d\pi/d\varepsilon = 0$）になることに着目する。式(2.7)より $\pi = \sigma/(1+e)$，式(2.8)より $e = \exp(\varepsilon) - 1$。求められた e_0 を式(2.3)に代入する。
答　$\varepsilon_0 = n$，$e_0 = \exp(n) - 1$，$\Delta L = L_0\{\exp(n) - 1\}$

5) 式(2.4)，(2.3)より $e = \exp(\varepsilon) - 1$。最高荷重点では，$\varepsilon = n$。引張強さ，均一伸びは，公称応力，公称ひずみなので，最高荷重点での応力を公称応力，その点のひずみを公称ひずみに変換。　答　$\sigma_u = 378$ MPa，$e_u = 28.4$ %

6) 断面減少率・断面積の関係と，変形前後の体積は変わらない関係より，$L/L_0 = 1/(1-\phi)$ を導き，破断時の真ひずみ ε_f は，$\varepsilon_f = \ln\{1/(1-\phi)\}$ であることを利用する。

〔3章〕
1) $\sigma_1 = 300$ MPa，$\sigma_2 = 50$ MPa，$\sigma_3 = -500$ MPa であるので，静水圧応力 σ_m は $(300+50-500)/3 = -50$ MPa，主偏差応力は $\sigma_1' = \sigma_1 - \sigma_m = 350$ MPa，$\sigma_2' = \sigma_2 - \sigma_m = 100$ MPa，$\sigma_3' = \sigma_3 - \sigma_m = -450$ MPa である。ロイスの式(3.61)より偏差応力とひずみ増分は比例しているので，第2主応力方向には 100/350 ％の塑性ひずみ増分が発生する。

2） 静水圧応力 σ_m は $(-250-800)/3 = -350$ MPa である。主偏差応力は $\sigma_1' = \sigma_1 - \sigma_m = 350$ MPa となり，1）と同じである。その他の方向の主偏差応力も 1）の問題と等しく，各方向の塑性ひずみ増分も変らない。

3） 軸方向応力 σ_{zz} は，ふたに作用する z 方向の力と円筒部分に作用する力が釣り合っていることから，$2\pi Rt\sigma_{zz} - \pi R^2 p = 0$ を満足するので $\sigma_{zz} = \dfrac{R}{2t}p$ である。円周方向の応力 $\sigma_{\theta\theta}$ は，管断面の半周についての釣合いより，$\int_0^\pi p\sin\theta R d\theta = 2t\sigma_{\theta\theta}$ が成立するので，これより $\sigma_{\theta\theta} = \dfrac{R}{t}p$ である。それぞれが主応力で，$\sigma_1 = \sigma_{\theta\theta}$，$\sigma_2 = \sigma_{zz}$ である。

半径方向の応力を考慮しない場合には，$\sigma_3 = \sigma_{rr} = 0$ なので，トレスカの降伏条件では $\dfrac{1}{2}\left(\dfrac{R}{t}p - 0\right) = \dfrac{R}{2t}p = \dfrac{Y}{2}$ つまり $p = \dfrac{t}{R}Y$ であるので 4.9 MPa。ミーゼスの降伏条件では，式(3.41)に代入すると，$I_2' = \dfrac{1}{6}\left\{\left(\dfrac{R}{t}p - \dfrac{R}{2t}p\right)^2 + \left(\dfrac{R}{2t}p\right)^2 + \left(\dfrac{R}{2t}p\right)^2\right\} = \dfrac{R^2}{4t^2}p^2 = \dfrac{Y^2}{3}$ であるので，$p = \dfrac{2t}{\sqrt{3}R}Y$ となり，降伏時の内圧は 5.7 MPa となる。

半径方向の応力を考慮する場合，半径方向の応力 σ_{rr} は，薄肉円管内面で $\sigma_{rr} = -p$，外面で $\sigma_{rr} = 0$ であるので，$\sigma_3 = -p$ である管内面が先に降伏する。トレスカの降伏条件では $\dfrac{1}{2}\left(\dfrac{R}{t}p - (-p)\right) = \dfrac{1}{2}\left(\dfrac{R}{t} + 1\right)p = \dfrac{Y}{2}$ なので $p = \dfrac{t}{R+t}Y$ となり，$R = 200$ mm，$t = 4$ mm では 4.1 MPa で降伏する。ミーゼスの降伏条件では，およそ 4.7 MPa の内圧で降伏する。

4） 3）の問題の解答を参考にすること。$p = 5.07$ MPa であるならば，そのときの降伏応力は $p = \dfrac{2t}{\sqrt{3}R}Y$ より約 220 MPa，そのときの相当ひずみは 6.2×10^{-3} となる。

半径方向応力を無視するとして，周方向応力 $\sigma_{\theta\theta} = \dfrac{R}{t}p$，軸方向応力 $\sigma_{zz} = \dfrac{R}{2t}p$ より，静水圧応力は $\sigma_m = \dfrac{R}{2t}p$ である。ゆえに，周方向の偏差応力 $\sigma_{\theta\theta}' = \dfrac{R}{2t}p$，軸方向の偏差応力はゼロ，半径方向の偏差応力 $\sigma_{rr}' = -\dfrac{R}{2t}p$ であるので，ロイスの式から，周方向の塑性ひずみと半径方向の塑性ひずみ増分は，大きさが等しく方向は逆になる。この値を $d\varepsilon^*$ と置くと，相当ひずみ増分は式(3.56)より $d\bar{\varepsilon} = \sqrt{\dfrac{2}{3}\{d\varepsilon^{*2} + (-d\varepsilon^*)^2\}} = \dfrac{2}{\sqrt{3}}d\varepsilon^*$ であり，比例負荷である場合には $\varepsilon^* = \dfrac{\sqrt{3}}{2}\bar{\varepsilon}$ である。3）の値より，この場合の半径方向（壁厚方向）ひずみは -5.4×10^{-3}，したがって $\ln\left(1+\dfrac{\Delta t}{t}\right) = -0.0054$ より，壁厚の変

化量 $\Delta t = -0.02$ mm となる。

5) 式(3.36)を代入すると，偏差応力の固有方程式は，応力の固有方程式(3.32)と同じ形になる。

6) $I_2' - \dfrac{1}{2}(\sigma'_{xx} + \sigma'_{yy} + \sigma'_{zz})^2$ を計算せよ。ただしカッコ内は偏差応力の第1不変量であって値はゼロである。

〔**4章**〕

2) 式(4.30)を利用。答 $5.5°$

3) 円柱を曲げたときの曲げモーメントは，$M = \displaystyle\int_{-r}^{r} \sigma b y dy$ (a)

で与えられので，式(a)に式(4.8)と $b = 2\sqrt{r^2 - y^2}$ を代入すると求められる。この M の

$y' = 0$ のときが全塑性曲げモーメント M_0 $M_0 = 4r^3 Y/3$

$y' = r$ のときが弾性限界の曲げモーメント M_e

$M_e = 4Y(r^4/8)(\pi/2r) = \pi r^3 Y/4$

$M_0/M_e = 16/3\pi \fallingdotseq 1.7$ 答 1.7倍

4) (1) 変形開始前の中立面の位置 h_n は $h_n = \left(\displaystyle\int_0^h \eta \, dA\right)\Big/A$ より求められる。

(A：断面積）　答　$h_n = h/3 = 0.333\,h$

(2) 弾塑性境界の位置を底辺より y の位置にあるとして，中立面の位置 h_n を式(b)で求めると式(c)となる。

$h_n = \left(\displaystyle\int_0^y z\eta d\eta + y\int_y^h z\, d\eta\right)\Big/A$ (b)

$h_n = h\{y^3/(3h^3) - y^2/h^2 + y/h\}$ (c)

三角形断面の底面が降伏し始めるときは，$\eta = y$ のひずみと，$\eta = 0$ のひずみの絶対値が等しいときなので，そのときの弾塑性境界の位置 y は $y = 2h_n$。これを式(c)に代入して h_n を求める。

答 $h_n = (3 - \sqrt{3})h/4 = 0.317\,h$

(3) このときの曲げモーメント M は，$M = \displaystyle\int_A \sigma\eta\, dA$ (d)

(2)の位置での σ は　　$\sigma = Y(\eta - h_n)/h_n$ (e)

M は式(e)を式(d)に代入して求める。

答　$M = (bh^2 Y/6)\{1 - 3h_n/h + 4(h_n/h)^3\}$

(4) 全域塑性状態は，上下の塑性域が進展して，中立面の位置 h_n で圧縮・引張の塑性域を分割することになるので，$\displaystyle\int_A \sigma dA = 0$。これより $h_n = (1 - $

$1/\sqrt{2}\,h = 0.293\,h$ となるので，h_n は $0.333\,h \to 0.317\,h \to 0.293\,h$ と移動する．このとき，
$$M = Y\left\{-\int_0^{h_n} z(\eta - h_n)d\eta + \int_{h_n}^h z(\eta - h_n)d\eta\right\}$$
$$= (bh^2 Y/6)\{1 - 3h_n/h + 6(h_n/h)^2 - 2(h_n/h)^3\}$$

5) 残留応力 σ_R は式(4.24)で表される．式(4.26)と(4.28)より $\sigma_E = (M/I)y$．外表面での応力 σ は，$h/2 > y > y'$ では $\sigma = Y$ なので，外表面での残留応力 σ_R は，$\sigma_R = Y - (M/I)y$，ここで M は式(4.9)．ここで，I は断面2次モーメント　答　$\sigma_R = -Y\{(1/2) - 2(y'/h)^2\}$

6) はね返りの式(4.29)に曲げモーメント M の式(4.9)を代入．これに完全弾性材の $Y = E\varepsilon'$ から，$y' = YR/E$ を求めて，この関係を代入する．

〔5章〕

1) 鍛造後の平均直径 $d_2 = 14.14$ cm，$c = 1.42$，投影断面積 $S = 1.57 \times 10^4$ mm^2　式(5.4)より $P = 11.1$ MN

2) (1) $e = 0.25$，$\varepsilon = \ln(1 - e) = -0.288$
   (2) 圧縮時間 $\Delta t = 0.02$ s，$\dot{\varepsilon} = e/\Delta t = 14.38/s \to$ 変形抵抗 $k_f = 114.8$ MPa，平均変形抵抗 $k_{fm} = k_f/(n+1) = 94.9$ MPa
   (3) 平均鍛造圧力 p_m は式(5.16)から $p_m = 131.5$ MPa，接触面積 $S = 2.13 \times 10^{-2}$ m^2，鍛造荷重 $P = p_m S = 2.80$ MN

3) (1) 体積一定より $r = 5.59$ mm，固着とすべりの境界の半径 r_f は式(5.38)より $r_f = -64.54$ となり，r_f がマイナスなので範囲外 → 固着状態ではない．そこで，固着が生じない場合の平均圧縮圧力は式(5.35)より $p_m = 1.0482\,Y$．平均ひずみ $\varepsilon_m = \ln(h/h_0) = -0.223 \to \sigma_m = 518.8$ MPa．$\sigma_m = Y$ とすると $p_m = 543.8$ MPa，$P = \pi a^2 p_m = 53.4$ kN
   (2) 式(5.41)の $Y/\sqrt{3}$ は τ_f なので $p_m = 565.4$，圧縮力 $P = \pi r^2 p_m = 55.4$ kN

4) (1) 体積一定の条件より圧縮変形後の半径 $a = 335.4$ mm，平均圧縮圧力は式(5.36)より $p_m = 554.7$ MN/mm^2，接触面積 $S = 0.353$ m^2 なので，必要圧縮荷重 $P = p_m S = 196$ MN
   (2) 式(5.41)で $Y = 60$ MN/m^2，$p_m = 92.3$ MN/m^2，圧縮荷重 $P = 32.5$ MN

5) 半径 r^* をすべりがない中立点の位置とすると，式(5.33)で得られる p が位置 r^* では，$a \geq r \geq r^*$ の範囲の p と $r^* \geq r \geq r_i$ の範囲での p とが等しくなる．　答　$r^* = 45$ mm

6) 本章の【例題2】と関連している。図5.11を参考にしてx方向の力の釣合いを求めると, $\dfrac{h}{2}\dfrac{d\sigma_x}{dx} = p(\mu + \tan\theta) + \sigma_x \tan\theta$ (a)
平面ひずみ条件から $d\sigma_x = -dp$, $(1/2)dh = -\tan\theta\, dx$, $\mu = B\tan\theta$ と置き換えて $B = \mu\cot\theta$ として式(a)に代入して解くと,

$\ln(p + 2k/B) = B\ln(h) + C$ (b)

$h = h_0$ のとき, $p = 2k$ の境界条件より, $C = \ln\{2k(1+1/B)\} - B\ln(h_0)$ となるので式(b)を解くと, $p = (2k/B)\{(1+B)(h/h_0)^B - 1\}$ (c)

圧縮力 P は式(c)を全域にわたって積分すると得られるので、これを全面積で割れば平均のすえ込み圧力 p_m が求まる。

$p_m = P/l = (2/l)\displaystyle\int_0^{l/2}(p\cos\theta - \mu p \sin\theta)\sec\theta\, dx$ (d)

ここで, $x=0$ での $h = H_0$, $x = l/2$ での $h = h_0$, 任意 x 位置での $h/h_0 = H$ とすると, $dh = h_0 dH$ なので式(d)は式(e)となる。

$p_m/k = \tan\theta\{(1/\mu) - \tan\theta\}\{1 + (l/h_0)\cdot\tan\theta\}$
$\quad\quad\quad\times [\{1 + (l/h_0)\tan\theta\}^{\mu\cot\theta} - 1]/\{(l/h_0)\tan\theta\}$ (e)

〔**6章**〕

1) (1) 16.3°, (2) 3.13%, (3) 14.2 MN, (4) 35.4 mm, 1.004 MN‐m, (5) 14 286 PS, 10 511 kW

2) 20.0 mm

3) $\mu = 0.05$ のとき 482 mm ϕ 以上, $\mu = 0.10$ のとき 121 mm ϕ 以上。

4) 中立点の左右で水平力が等しいと置く。

$\displaystyle\int_0^{\phi_n} p_m(\sin\theta + \mu\cos\theta)Rd\theta + \int_{\phi_n}^{\theta} p_m(\sin\theta - \mu\cos\theta)Rd\theta = 0$

これを解くと $\sin\phi_n = (\sin\theta)/2 + (\cos\theta - 1)/(2\mu)$, ここで, θ が十分小さいときは, $\sin\theta \fallingdotseq \theta$, $\cos\theta \fallingdotseq 1 - \theta^2/2$ が成立することを利用する。

5) 平均変形抵抗 σ_m は式(2.23)より $\sigma_m = \dfrac{1}{\varepsilon}\displaystyle\int_0^\varepsilon \sigma d\varepsilon = \dfrac{F}{n+1}\varepsilon^n$ (a)

平面ひずみ状態での相当ひずみ ε_m と1軸ひずみ ε_1 との間には

$\varepsilon_m = (2/\sqrt{3})\varepsilon_1$ (b)

圧延における真ひずみ $\varepsilon_1 = \ln(h_1/h_2)$ (c)

式(a), (b), (c)より

$\sigma_m = \dfrac{F}{n+1}\left\{\dfrac{2}{\sqrt{3}}\ln\left(\dfrac{h_1}{h_2}\right)\right\}^n$

6) 圧下率から真ひずみを求め, 平均変形抵抗を出す。$p_m = 110.5$ MPa, 式(6.14)より圧延荷重, 式(6.17)よりトルクを求める。

$P = 2.07$ MN,$T = 19.3$ kN-m,圧延動力は式(6.22)より 101 kW。
同様にして,圧下量が増加すると,2.82 MN,圧延動力は 169 kW。

7) 事前に受けた圧延の真ひずみ量と,その後の圧延で受ける真ひずみ量の和により総ひずみ量を出し,それより平均変形抵抗を出す。
$\varepsilon_T = -0.580$,$p_m = 137.6$ MPa,$P = 0.30$ MN,22.8 kW

8) 1パスで圧延したときの全ひずみは 0.693。これを2パスで圧延するとして,1,2パスとも仮に 0.347 と等しいひずみの圧延として計算してみる。このときの1軸の平均変形抵抗は $k = 508.2$ MPa,圧延荷重は式(6.14),(6.15) より 1パス目 $P = 3.33$ MN,2パス目 $P = 2.79$ MN,圧延トルクは,おのおの 24.2 kN-m,17.0 kN-m,圧延動力は 247 kW,174 kW → 圧延機の能力は圧下力 4 MN,動力 250 kW。

9) 1パスで圧延すると仮定すると,式(6.15) より $p_m = 465$ MPa(鋼),$p_m = 180$ MPa(銅),式(6.14) より $P = 1.50$ MN(鋼),$P = 0.58$ MN(銅) → 銅は1パスで圧延可能,鋼は P が 1 MN を越すので,2回以上のパスが必要。鋼の場合,2パスとして $\varepsilon_1 = 0.112$,$\varepsilon_2 = 0.111$ としてみると,1パス目の $P_1 = 0.81$ MN,2パス目の $P_2 = 0.76$ MN → 鋼は2パスで圧延可能。$\lambda = 0.5$ として式(6.18) よりトルクを出す。$T = 3.89$ kN-m(鋼),$T = 4.05$ kN-m(銅)。圧延動力:(銅)40.7 kW,(鋼)42.7 kW
答 銅 1パス圧延 40.7 kW,鋼 2パス圧延(2.68 mm,2.40 mm)42.7 kW

〔7章〕

1) 式(7.9) を使用。 答 198 N
2) $R_e = 19\%$,式(7.9) より $F = 5.94$ kN
3) 式(7.14) より $\alpha = 0.129$ rad(7.4°),式(7.13) に断面積を乗じて $F = 345$ kN
4) 56 %
5) 引抜き限界は,引抜き応力が材料の最高荷重点(すなわち $\varepsilon = n$ のとき)における応力に等しくなるときと考える。素材を,平均変形抵抗 σ_m,完全塑性体として,$\varepsilon_m = \ln(A_0/A_1)$ を代入して σ_r を出す。$\sigma_{max} = Fn^n$ とすると $\sigma_r = \sigma_{max}$ から $\ln(A_0/A_1) = \{n^n(1+n)^{1/(1+n)}\}$,$n = 0.5$ のとき $A_0/A_1 = 2.83$,$R = 64.7\%$
6) 230 kN
7) 式(7.15) の押出し圧力式より,押出し比 R を求め,R より容器の内径 D_1 を求める。$D_1 = 45.45$ 答 2.3 mm

〔8章〕
3) 78.5 kN

〔9章〕
2) 絞り比から元の外径と容器の外径の関係を求め，これを素材の表面積と容器の表面積は等しいという関係式に入れて，h/d を求める。　答　0.75
3) 式(3.62)で，プレスでは板厚方向の応力 σ_t は，無視できるほど小さいので $\sigma_t = 0$ として $d\varepsilon_t = -(\sigma_r + \sigma_\theta)d\varepsilon_r/(2\sigma_\theta - \sigma_r)$ を導く。これに式(9.16)の関係を入れて $\sigma_r = 0$ とすると $d\varepsilon_t = -d\varepsilon_r/2$, $d\varepsilon_t = dt/t$, $d\varepsilon_r = dr/r$ として，得られる関係式を $t_0 \sim T_0$, $r_0 \sim R_0$ の間で積分。これに $R_0/r_0 = \beta$ を入れると $t_0 = T_0\sqrt{\beta}$ 。
4) 限界絞り比は，ポンチ応力が材料の降伏応力に等しくなるときなので，式(9.36)で $\sigma_{\phi 1} = Y$。$\mu = 0$ を入れて解く。　答　2.48
5) 薄肉球殻の内圧は $p = \sigma_r \cdot 2t/\rho$ で与えられる。これを微分して，破断寸前の不安定条件の $dp = 0$ を入れると，
$d\sigma_r/\sigma_r + dt/t - d\rho/\rho = 0$。$dt/t = -d\varepsilon_t$ として
$(1/\sigma_r)d\sigma_r/d\varepsilon_t = 1 + (1/\rho)(d\rho/d\varepsilon_t) = 1 + (3/8) - \{1/(2\varepsilon_t)\}$
$\varepsilon_m = \varepsilon_t$, $\sigma_m = \sigma_r$ と置けるので，$\sigma_r = F\varepsilon_t^n$ となる。
　　答　$\varepsilon_t = 4(2n + 1)/11$

付　表

付表 1　換算式

量	旧単位からSI単位	SI単位から旧単位
荷重	$Y \text{ [N]} = 9.80665 \times Z \text{ [kgf]}$	$Z \text{ [kgf]} = 0.101972 \times Y \text{ [N]}$
応力	$Y \text{ [N/mm}^2\text{]} = 9.80665 \times Z \text{ [kgf/mm}^2\text{]}$ $Y \text{ [MPa]} = 9.80665 \times Z \text{ [kgf/mm}^2\text{]}$	$Z \text{ [kgf/mm}^2\text{]} = 0.101972 \times Y \text{ [N/mm}^2\text{]}$ $Z \text{ [kgf/mm}^2\text{]} = 0.101972 \times Y \text{ [MPa]}$
圧力	$Y \text{ [MPa]} = 0.0980665 \times Z \text{ [kgf/cm}^2\text{]}$	$Z \text{ [kgf/cm}^2\text{]} = 10.1972 \times Y \text{ [MPa]}$
仕事 エネルギー	$Y \text{ [J]} = 9.80665 \times Z \text{ [kgf}\cdot\text{m]}$ $Y \text{ [kW}\cdot\text{h]} = 2.72407 \times 10^{-6} \times Z \text{ [kgf}\cdot\text{m]}$	$Z \text{ [kgf}\cdot\text{m]} = 0.101972 \times Y \text{ [J]}$ $Z \text{ [kgf}\cdot\text{m]} = 3.67098 \times 10^5 \times Y \text{ [kW}\cdot\text{h]}$
仕事率 動力	$Y \text{ [kW]} = 9.80665 \times 10^{-3} \times Z \text{ [kgf}\cdot\text{m/s]}$ $Y \text{ [PS]} = 1.33333 \times 10^{-2} \times Z \text{ [kgf}\cdot\text{m/s]}$	$Z \text{ [kgf}\cdot\text{m/s]} = 1.01972 \times 10^2 \times Y \text{ [kW]}$ $Z \text{ [kgf}\cdot\text{m/s]} = 75 \times Y \text{ [PS]}$

付表 2　SI 接頭語

倍数	接頭語	記号	倍数	接頭語	記号
10^{12}	テラ	T	10^{-1}	デシ	d
10^9	ギガ	G	10^{-2}	センチ	c
10^6	メガ	M	10^{-3}	ミリ	m
10^3	キロ	k	10^{-6}	マイクロ	μ
10^2	ヘクト	h	10^{-9}	ナノ	n
10^1	デカ	da	10^{-12}	ピコ	p

付表 3　ギリシャ文字

A	α	アルファ	I	ι	イオタ	P	ρ	ロー	
B	β	ベータ	K	κ	カッパ	Σ	σ	シグマ	
Γ	γ	ガンマ	Λ	λ	ラムダ	T	τ	タウ	
Δ	δ	デルタ	M	μ	ミュー	Υ	υ	ウプシロン	
E	ε	イプシロン	N	ν	ニュー	Φ	φ, ϕ	ファイ	
Z	ζ	ジータ	Ξ	ξ	クサイ	X	χ	カイ	
H	η	イータ	O	o	オミクロン	Ψ	ψ	プサイ	
Θ	θ	シータ	Π	π	パイ	Ω	ω	オメガ	

参考・引用文献

1) 葉山益次郎：塑性学と塑性加工（2版），オーム社（1982）
2) 大矢根守哉監修：新編塑性加工学，養賢堂（1983）
3) 加藤健三：金属塑性加工学，丸善（1971）
4) 村上正夫ほか：塑性加工の基礎，産業図書（1988）
5) 川並高雄ほか：基礎塑性加工学，森北出版（1995）
6) 日本鉄鋼協会編：板圧延の理論と実際，日本鉄鋼協会（1984）
7) 鈴木　弘編：塑性加工（改訂版），裳華房（1980）
8) 山口克彦：日本塑性加工学会主催，第58回塑性加工学講座——板材成形の基礎と応用——（1994）
9) 河合　望：新版塑性加工学，朝倉書店（1988）
10) 斉田重紀：塑性加工Ⅰ，Ⅱ，明現社（1965）
11) ドイツ鉄鋼協会編：五弓監訳，塑性加工の基礎，コロナ社（1972）
12) 益田森治・室田忠雄：改訂・工業塑性力学，養賢堂（1980）
13) 工藤英明：塑性学，森北出版（1968）
14) 北川　浩：塑性力学の基礎，日刊工業新聞社（1979）
15) 平　修二監修：現代塑性力学，オーム社（1974）
16) 後藤　学：塑性学，コロナ社（1982）
17) G.ロウ：宮川ほか訳，塑性加工の基礎，丸善（1981）
18) W.ジョンソン・P.メラー：清田ほか訳，塑性加工学Ⅰ，Ⅱ，培風館（1965）
19) 桂寛一郎：圧延技術，日刊工業新聞社（1971）
20) 岡本豊彦：住友金属，**12**, p. 323（1960）
21) 志田　茂：塑性と加工，**10**-103, p. 610（1969）

索引

【あ】

相打ちハンマ	109
厚板圧延	139
圧印加工	112
圧延圧力	125
圧延加圧力	23
圧延加工	3, 117
圧延荷重	125
圧延動力	127
圧延トルク	126
圧下スクリュー	129
圧下制御	136
圧下率	120
圧下量	120
アップセッタ	112
穴あけ	170
孔型圧延	141
穴広げ試験	207
穴ひろげ鍛練	91
r 値	193

【い・う】

1次加工	12
浮きプラグ方式	155
打抜き	170

【え】

HCミル	138
液圧バルジ試験	205
液圧プレス	105
エキセンプレス	107
n 値	22
エリクセン試験	206
LDR	187
L曲げ	73
円柱の圧縮	102
円筒絞り	183
エンボス加工	112

【お】

オイルテンパー	159
応力	17, 31
応力テンソル	33
応力テンソルの不変量	48
応力テンソルの釣合い条件	38
応力-ひずみ曲線	20
応力ベクトル	32
押抜き	156
押出し加圧力	23
押出し加工	3, 163
折曲げ	73
オロワンの圧延方程式	150

【か】

加圧ハンマ	109
開孔型	142
回転せん断	171
回転鍛造	113
開放型	91
かえり	174
可逆圧延機	131
角筒絞り	185
加工硬化	16
加工硬化指数	22
加工熱処理プロセス	141
硬さ試験	205
型鍛造	90
型曲げ	73
ガッタ	91
上降伏点	16
かみ込み角	121
空引き	155
カルマンの圧延方程式	147
間接押出し法	165

【き】

機械プレス	106
逆張力	157
逆転式圧延機	131
キャプスタン	158
局部伸び	17
切込み	170
均一伸び	17

【く・け】

くびれ	16
クランクプレス	107
クランクレスプレス	107
クロス・ローリング	113
クロッピング	170
限界絞り比	187
限界絞り率	187

索　　　　　　引　　　219

【こ】

コイニング	112
高エネルギー速度加工	179
工学的せん断ひずみ	45
鋼管の圧延	145
公称応力	17
公称ひずみ	18
公称ひずみテンソル	45
後進率	123
拘束せん断法	178
剛塑性体	21
降伏応力	22
降伏条件	52
降伏点	16
降伏点伸び	16
後方押出し法	164
後方張力	128
コーシーの式	33
固着摩擦	99
コニカルカップ試験	207

【さ】

サイザー	146
再絞り加工	194
再絞り比	195
最小曲げ半径	76
最大せん断応力	37
最適ダイス角	163
3点ロール曲げ	72
3ロール法	81

【し】

仕上げ打抜き法	177
CCV	207
シェービング法	176
しごき加工	202
実体鍛練	91
自動制御	135
絞り加工	5, 179
絞り比	187
絞り率	187
絞り力	188
シームレスパイプ	145
下降伏点	16
シャーリング	170
自由鍛造	90
自由落下ハンマ	109
主応力	37, 49
主軸	49
主せん断応力	50
上下打抜き法	178
初等解析法	67
しわ押え	189
真応力	17
心金引き	156
心金法	81
伸線限界	161
真ひずみ	18

【す】

垂直ひずみ	41
スィフトカップ深絞り試験	205
すえ込み鍛練	91
ストレッチレデューサー	146
ストレート方式	142
スパイラル鋼管	146
スピニング加工	5, 179, 203
スプリングバック	77
スラブ法	67
スリップ式連続伸線機	159

【せ】

静水圧応力	51
静水圧押出し法	165
精密打抜き法	176
精密せん断加工	175
切削加工	2
ゼンジミア式圧延機	131
先進率	123
全塑性曲げモーメント	84
せん断	171
せん断加工	3, 170
せん断抵抗	173
せん断ひずみ	41
せん断面	174
全伸び	17
線引き加工	155
全ひずみ理論	65
前方押出し法	164
前方張力	128

【そ】

相当応力	61
造頭加工	111
相当ひずみ	60
相当ひずみ増分	61
側方力	173
塑性	3
塑性異方性	26
塑性加工	1
塑性係数	22
塑性ひずみ	16
塑性ひずみ比	193
塑性変形	3, 16
塑性曲げの初等理論	82
そり	75

【た】

対向ダイスせん断法	177
対数ひずみ	18
ダイス肩半径	191
ダイス・プラグ式ベンダ法	80
ダイス法	81

ダイス・ロール式ベンダ法 80	電縫管 146	張出し性試験 206
ダイヤゴナル方式 142	【と】	バーリング加工 182
耐　力 16	投影接触弧長 122	バルジ加工 201
谷 192	トルクアーム 126	ハンマ 109
玉引き 155	トルクアーム係数 127	半密閉型 91
たる形変形 93	トレスカの降伏条件 53	【ひ】
だ　れ 173	ドローベンチ方式 158	ピアサー 145
タング 174	【な・に】	引抜き加工 3,154
弾　性 3	ナックルプレス 108	引抜き限界 161
弾性限界 16	2次加工 12	引抜き力 156
弾性限界の曲げモーメント 83	2次せん断 174	PCミル 139
鍛接管 146	【ね・の】	ひずみ 15,41
鍛造温度 94	熱間圧延 133	ひずみ硬化 16
鍛造加圧力 23	熱間加工 5	ひずみ増分 46
鍛造加工 3,89	熱間鍛造 110	ひずみ増分理論 62
鍛造荷重 95	伸びフランジ成形 73,182	ひずみ速度 25,30,46
鍛造比 93	伸びフランジ性試験 206	ビッカース硬さ 205
弾塑性体 21	ノンスリップ式連続伸線機 159	引張試験 14,205
タンデム圧延 132	【は】	引張強さ 16
【ち】	ハイクラウンミル 138	ピニオンスタンド 130
縮みフランジ成形 73	バウシンガ効果 27	比例限界 16
中空鍛練 91	バタフライ方式 142	【ふ】
鋳　造 2	破断応力 17	ファインブランキング 176
中立点 123	八面体垂直応力 50	V曲げ 73
調質圧延 134	八面体せん断応力 50	深絞り成形 181
張力制御 136	バックアップロール 131	深絞り性試験 205
直接押出し法 164	バックアップロール・ベンディング方式 138	複合成形性試験 206
【つ・て】	パテンティング 159	縁切り 171
ついき法 179	幅出し圧延 140	付　着 99
継目なし鋼管 145	幅広がり 123	フックの法則 15
デッドコーン 93	幅広がり率 123	不変形帯 93
デッドメタル 167	バリ 91	フライイングシャー 170
展伸鍛練 91	張出し成形 181	プラグミル 145
転造 113		フラッシュ 91
テンソル 33		フラット方式 142
		プラネタリ圧延機 131
		フリクションプレス 108

索引　221

プレス絞り　179

【へ】

ペアクロスミル　139
平均圧延圧力　23, 125
平均圧縮圧力　98
平均垂直応力　50
平均流動応力　25
閉孔型　142
平面応力状態　36
平面ひずみ状態　36
平面ひずみ曲げの理論　84
ヘッディング　111
へら絞り　203
変形抵抗　22
偏差応力　51

【ほ】

棒鋼圧延　144
法線ベクトル　33
ホットストリップミル圧延　133
ポンチ肩半径　190
ポンチ力　188, 201

【ま】

曲げ加工　3, 72
曲げ試験　205
曲げ変形理論　81
摩擦丘　98
摩擦角　121

摩擦係数　124

【み】

ミーゼスの降伏条件　54
密閉型　91
耳　192
ミルスプリング　129

【む・も】

無すべり点　123
モールの応力円　35

【や・ゆ・よ】

ヤング率　16
UO管　146
UO曲げ　73
有限要素法　68
U曲げ　73
ユニバーサル圧延法　141, 143
溶接　2
溶接鋼管　145

【ら・り】

ランクフォード値　192
流動応力　22
リーラー　146

【れ】

冷間圧延　134
冷間加工　5

冷間すえ込み加工　111
冷間鍛造　111

【ろ】

6段圧延機　131
ロータリースウェージング　114
ロックウェル硬さ　205
ローラーレベラー　74
ロールキャンバー　137
ロールクラウン　137
ロール成形法　74
ロール軸受　129
ロール昇降装置　129
ロールスタンド　129
ロール接触角　121
ロール接触弧長　122
ロール鍛造　113
ロールハウジング　129
ロール反力　125
ロールフォーミング　78
ロール曲げ　73

【わ】

ワークロール　131
ワークロール・ベンディング方式　138

―― 著者略歴 ――

長田　修次（ながた　しゅうじ）
1963 年　京都大学工学部冶金学科卒業
1965 年　京都大学大学院工学研究科修士課程修了
1965 年
～92 年　新日本製鐵株式会社勤務
1986 年　工学博士（京都大学）
1992 年　新居浜工業高等専門学校教授
2003 年　新居浜工業高等専門学校名誉教授

柳本　潤（やなぎもと　じゅん）
1984 年　東京大学工学部機械工学科卒業
1989 年　東京大学工学系研究科産業機械工学専攻博士課程修了，工学博士
1989 年　東京大学講師（生産技術研究所）
1991 年　東京大学助教授（生産技術研究所）
2003 年　東京大学教授（生産技術研究所）
2018 年　東京大学教授（大学院工学系研究科）
　　　　　現在に至る

基礎からわかる塑性加工（改訂版）
Fundamentals in Metal Forming (Revised Edition)

© Shuuji Nagata, Jun Yanagimoto 1997

1997 年 4 月 25 日　初版第 1 刷発行
2010 年 4 月 28 日　初版第 11 刷発行（改訂版）
2023 年 2 月 15 日　初版第 21 刷発行（改訂版）

検印省略	著　者	長　田　修　次
		柳　本　　　潤
	発行者	株式会社　コロナ社
		代表者　牛来真也
	印刷所	壮光舎印刷株式会社
	製本所	株式会社　グリーン

112-0011　東京都文京区千石4-46-10
発行所　株式会社　コロナ社
CORONA PUBLISHING CO., LTD.
Tokyo Japan
振替00140-8-14844・電話(03)3941-3131(代)
ホームページ　https://www.coronasha.co.jp

ISBN 978-4-339-04604-5　C3053　Printed in Japan　　　　（高橋）

<出版者著作権管理機構 委託出版物>
本書の無断複製は著作権法上での例外を除き禁じられています。複製される場合は、そのつど事前に、出版者著作権管理機構（電話 03-5244-5088、FAX 03-5244-5089、e-mail: info@jcopy.or.jp）の許諾を得てください。

本書のコピー，スキャン，デジタル化等の無断複製・転載は著作権法上での例外を除き禁じられています。購入者以外の第三者による本書の電子データ化及び電子書籍化は，いかなる場合も認めていません。
落丁・乱丁はお取替えいたします。